彩色圖解版

孫子

超圖解

人生何處非戰場？
孫子一步一步教你怎麼打！

松下喜代子

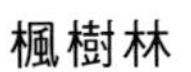

三國時代

安眾之戰

窮途末路之際，以智取勝

曹操的戰略

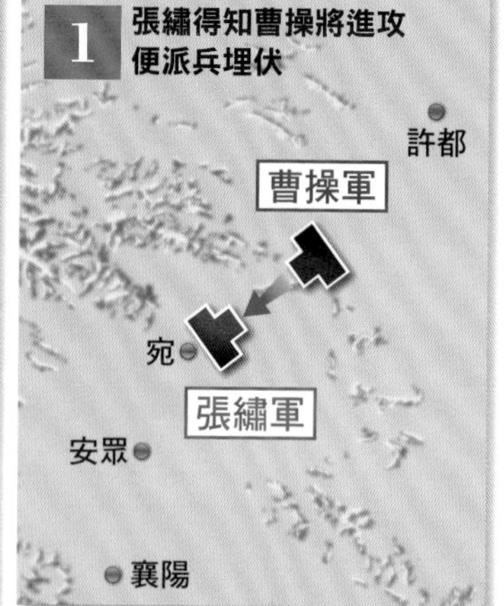

2
劉表的援軍抵達
兩軍夾擊曹操軍
曹操軍
宛
張繡軍
安眾
襄陽
劉表軍

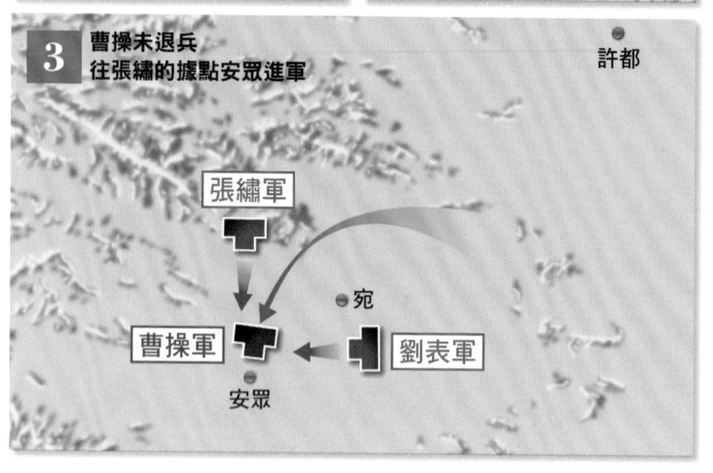

置之死地而後生
曹操與《孫子兵法》

公元一九八年，曹操從許都發兵襲擊張繡。張繡得知消息後，率軍展開反擊；此時，荊州的劉表也派援軍助張繡。張、劉聯軍企圖打造包圍網，將曹軍前後團團包圍。但不知為何，曹操卻深入敵營，往安眾進軍。

在此之際，曹操寫了一封信，給留守許都的謀士荀彧。

「若（吾）到安眾，破繡必矣。」

（待我抵至安眾，定能擊破張繡）

曹軍抵達安眾後，果然立即遭到兩軍夾擊。但是曹操下令挖掘地道、安排伏兵，出奇策順利擺脫敵兵士甚陷則不懼。

【第11章 九地篇】

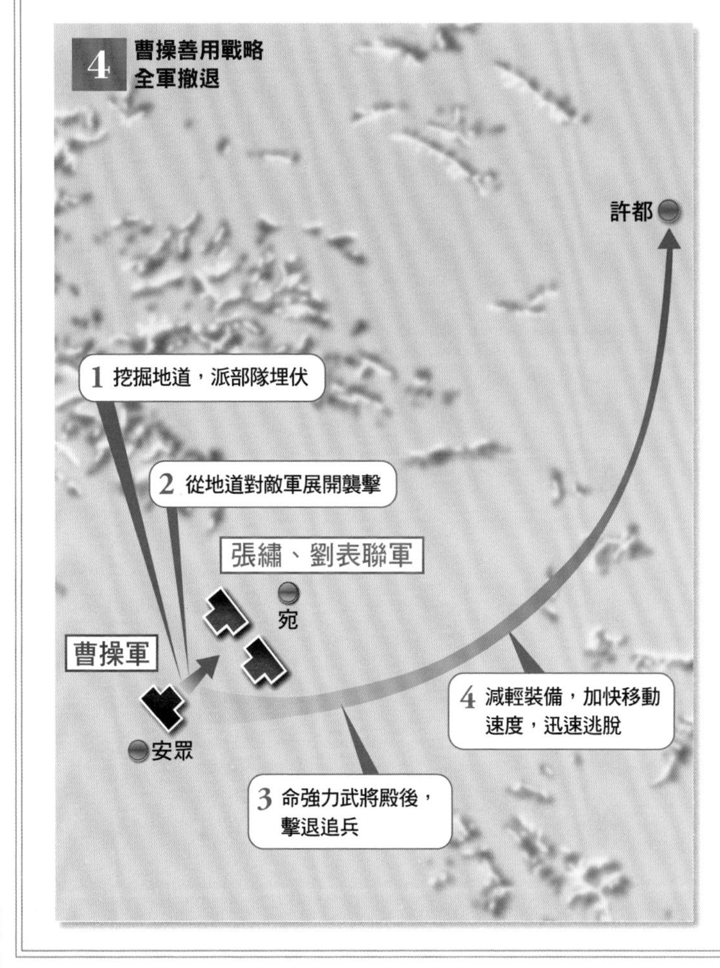

東漢末年的著名人物，是《三國演義》中惡名遠播的反派，也是注釋《孫子》的軍事家，將兵法活用於戰事上。

軍（「進而不可禦者，衝其虛也」➡110頁），全身而退回到許都。

當曹操率師返回許都後，荀彧問道：「為何主公知道一定能擊敗敵人呢？」

曹操回道：「因為敵軍想阻攔我軍撤退，迫使我軍在死地作戰。」（「兵士甚陷則不懼」➡202頁）

曹操精通《孫子兵法》，其撰寫的注釋本《孫子略解》，至今仍是研究孫子思想的重要文獻。

日俄戰爭 對馬海峽海戰

化「丁」為「乙」，靈活切換戰法

日俄戰爭的戰略

1 13：55 懸掛Z字旗

聯合艦隊
第1戰艦
三笠
驅逐艦
第2戰艦
12000m
10000m
波羅的海艦隊
奧斯利雅維亞
第1戰艦隊
蘇沃洛夫
第2戰艦隊
驅逐艦
第3戰艦隊

扭轉戰局 決定日俄勝負的戰法

一九〇四年，日本帝國與俄羅斯帝國之間爆發日俄戰爭，長時間陷入膠著。在海戰方面，日本聯合艦隊司令官東鄉平八郎，以及參謀秋山真之，為了抵禦俄羅斯帝國強大的波羅的海艦隊，共同制定了七階段的攻擊計畫。

這項計畫乃是經過多方模擬，預測敵方艦隊從濟州島移動到海參崴的過程中，有可能會行經哪幾條航路、採取哪些行動（「凡軍必知五火之變，以數守之」➡216頁）。

一九〇五年五月二十七日，聯合艦隊接到波羅的海艦隊接近對馬海峽的報告，隨即主動出擊。聯合艦隊直接從俄軍艦隊面前橫穿，採取大轉彎（U字形迴轉）的戰術。這個看似魯莽的舉動，其實是「丁字戰法」的前置行動，陣形的目的在於集中攻擊領頭艦。聯合艦隊早已透過模擬，確保俄國軍艦的後續戰艦無法進入戰鬥距離。

縱使俄羅斯海軍的綜合戰力略勝日海軍一籌，但只要日軍集中火力攻擊單艘敵艦，依然能夠瞬間瓦解艦隊（「我專為一，敵分為十」）。若是集中攻擊敵艦的司令艦，可望造成更大的傷害。因此聯合艦隊集中炮火攻擊司令艦，致使俄國艦隊

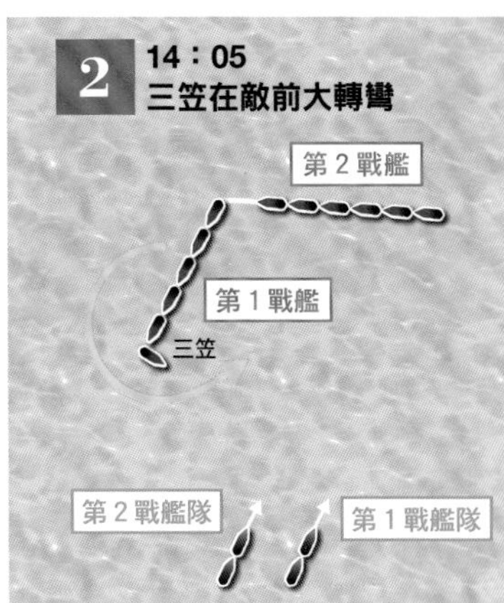

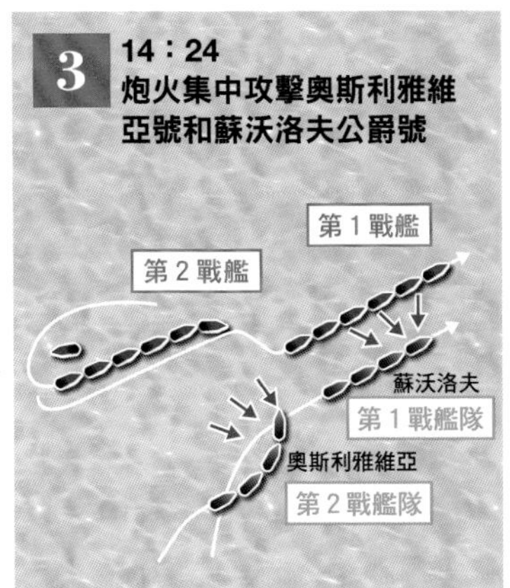

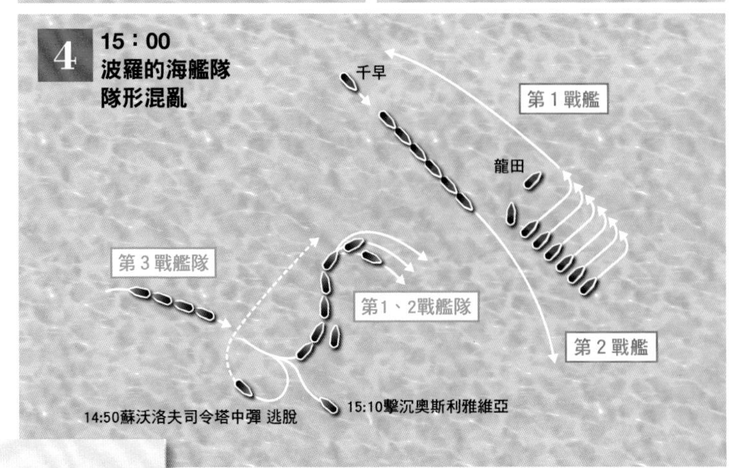

的指令系統徹底癱瘓。

緊接著，聯合艦隊全隊調頭，繞到俄軍側面，擺出「乙字戰法」陣形，以出其不意的戰術，成功地愚弄敵人（「凡戰者，以正合，以奇勝」）➡94頁）。波羅的海艦隊的隊形遭到打亂，徹底失去了戰鬥力，而這場海戰的最終結果，便是由日本海軍取得壓倒性的勝利。

凡戰者，
以正合，
以奇勝。

【第5章 兵勢篇】

越南戰爭 古芝地道

誘導敵人與「隱形敵人」交手

游擊戰的戰略

1 透過潛入南越的內線得知美軍的空襲計畫

2 針對美軍空襲計畫的進展狀況與後續行動做最終確認

3 在地道內部署突襲部隊

令美軍備感頭痛 越共的進退戰術

一九六五年，美軍介入越南戰爭後，最頭痛的問題就是越南南方民族解放陣線（又稱越共）發起的游擊戰。

雖然美軍在戰力面擁有壓倒性的優勢，但礙於越南獨特的叢林環境，軍隊無法使用大型火器，因此美軍的實質戰力其實與解放陣線兵相差無幾。（「卒離而不集，兵合而不齊」➡198頁）

解放陣線在地下挖掘地道系統，並利用曲折的地道展開突襲。美軍無從得知何時會遭到襲擊（「形兵之極，至於無形」➡120頁），只能形兵之極，至於無形。

【第6章 虛實篇】

4 在地道出口埋伏襲擊小部隊

5 無論成敗皆迅速撤退

6 追擊的美軍無法進入地道

隨時探查有無埋伏的危險。

不僅如此，美軍出動時往往會安排大規模的兵力，準備時間相對較長。如此一來，反而容易被敵方識破作戰內容。（「作之而知動靜之理」➡118頁）

歷經這場艱苦的戰爭後，美國的軍人教育課程也新增了關於《孫子》的研究。

古芝地道的出入口，只有身材瘦小的人才能通過，因而成功阻止美軍入侵。現今成了人氣觀光景點。

智將、軍師的智謀

活躍於日本戰國的智將與軍師，研究孫子兵法，並應用於實戰。

武田信玄

設計誘導敵人，待其自投羅網後，派出別動隊肅清（➡130頁）

三方原之戰

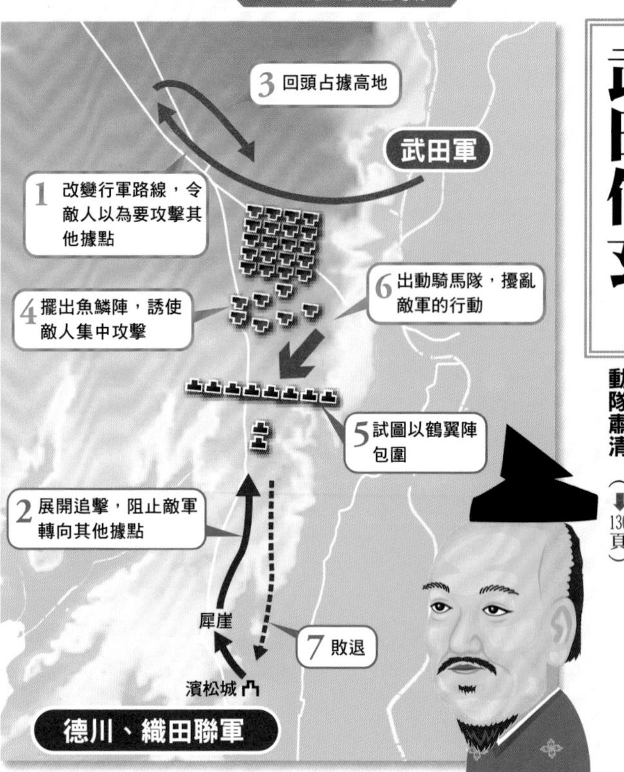

在這場合戰中，武田信玄制定了三段戰法。首先，佯裝攻打守衛濱松城的敵人，接著突然改變行軍路線，慢慢遠離敵營。當德川、織田聯軍見狀，便誤以為信玄要襲擊其他城池。為了阻止武田軍突襲，聯軍立刻瓦解當前的陣形，展開追擊。

此時信玄忽然調頭，占據對己方有利的地勢高處布陣，並刻意採用前端微凸的魚鱗陣，打算將敵人引到戰力較弱的前端部位。不出所料，德川、織田聯軍擺出橫長的鶴翼陣，試圖包圍魚鱗的前端。此時信玄再趁機派出騎馬部隊，從側面發動突襲，擾亂戰況，果然令敵軍陷入一片混亂，武田軍順利取得勝利。德川、織田聯軍的總大將家康，在這場會戰中僥倖撿回一命，落荒而逃。

河越夜戰

北條氏康

佯裝無能，使敵人大意 （⬇44頁）

當河越城遭到上杉、足利聯軍包圍時，北條軍假裝退兵，等待救援。表面上準備投降，刻意採取「低姿態」；等到敵軍鬆懈後，再巧妙發動夜襲，奪回河越城。

善德寺會盟

太原雪齋

找出和平解決紛爭的手段 （⬇64頁）

太原雪齋向今川義元提出建言，建議與對手武田家以及北條家議和，藉由婚姻強化同盟關係，並親自出馬說服信玄與氏康。

Column

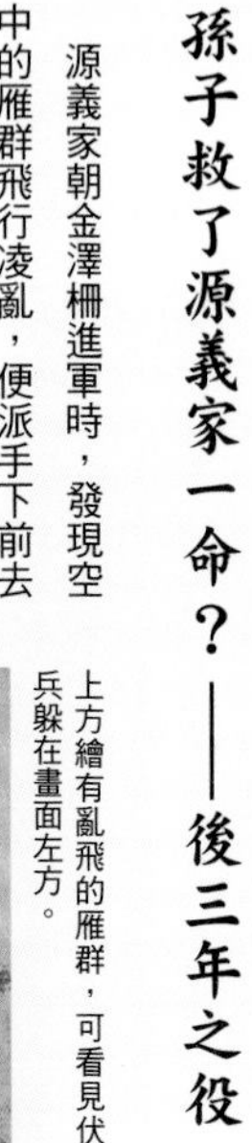

孫子救了源義家一命？——後三年之役

源義家朝金澤柵進軍時，發現空中的雁群飛行凌亂，便派手下前去查探。

由於他曾經熟讀兵法，知道「鳥起者，伏也」的道理（有兵埋伏野外時，鳥群會受驚而飛起），隨後果真發現敵人的伏兵。

雖然一般認為這並非史實，而是後人渲染誇大，但從這則軼聞中引用《孫子》行軍篇的思想，也不難看出當時《孫子》已經完全滲透日本社會了。

金澤柵的推定地點（秋田縣橫手市）

上方繪有亂飛的雁群，可看見伏兵躲在畫面左方。

橫山城防衛戰

竹中半兵衛

敵軍士氣高漲時，避免與其交戰（⬇132頁）

姊川之戰後，木下秀吉奉信長之命，負責留守及管理橫山城，並以此為據點，向想收復湖北部失地的淺井軍展開攻擊。

於是淺井軍改變攻擊目標，轉向橫山城進軍。無秀吉坐鎮的木下軍雖然準備迎擊，但半兵衛主張最好不要跟士氣高漲的敵軍直接交手，於是木下軍固守城池，只用槍擊退接近的敵人，等到日落後敵人停止攻擊、準備撤退時，才悄悄部署兵力，從敵軍後方突襲，一口氣擊破淺井軍。此役造成淺井軍戰力大傷，退兵到小谷城。

岩倉城與安岐城攻城戰

黑田官兵衛

實戰並非致勝的唯一手段（⬇68頁）

豐臣軍征討四國的長宗我部家時，官兵衛便曾堵住吉野川，使河水流入敵城岩倉城的城下河川。

其實過去豐臣軍就曾用過斷糧戰術，斷絕三木、鳥取、高松三城敵軍的糧食。進攻高松城時，官兵衛也同樣用過水攻，讓敵人陷入恐懼感。

不僅如此，官兵衛還發射大砲，加深敵人的恐懼感。最終，長宗我部軍不出二十日就開城投降。之後官兵衛與豐後的熊谷外記在安岐城展開攻城戰時，也利用大砲和「吶喊聲」對敵人施加壓力，短短三日就迫使敵方開城投降。

嚴島之戰

毛利元就

不令敵人發現己方弱勢（➡152頁）

元就利用看似無用的築城，以及重臣假裝叛變等戰略，誘使陶晴賢軍進攻嚴島，接著派水軍包圍。陶晴賢的大軍在狹窄的島上喪失機動性，遭到三方夾擊而全滅。

今山之戰

鍋島直茂

洞悉敵將的心理活動（➡134頁）

即使遭到包圍，處於孤立無援的困境，直茂也能迅速察覺到敵將大友親貞的士氣減弱。他趁機發動突襲，並散播假情報，兩面作戰混亂敵軍，順利擊敗親貞。

大坂夏之陣

真田幸村

集中戰力，攻其不備（➡96頁）

要想挽回劣勢不斷的戰況，唯有攻下德川家康一途，於是幸村將戰力徹底集中起來。真田軍勢如破竹，攻陷德川軍的馬印，甚至讓家康一度考慮切腹自殺。

杭瀨川之戰

島左近

佯裝戰敗，誘導上鉤（➡142頁）

島左近率兵到敵陣收割稻米，挑釁對方，激起小規模戰鬥，接著假裝敗北撤退引誘敵人追擊，再派伏兵迎擊追兵，並且與宇喜多軍聯手，成功討伐多名敵將。

《孫子》早已深入中國、越南，積極利用。而在西方國家，也有靠《孫子》思想取勝的軍事將領。

拿破崙・波拿巴

以最小損傷，換取敵人重大損失（➡66頁）

在奧地利、英國、瑞典組成第三次反法同盟時，拿破崙得知敵人奧地利軍想利用黑森林東面作為主戰場後，便早一步前往該處，派出佯動部隊牽制敵方軍隊，再趁機從後方包圍，並且同時在敵軍的撤退地慕尼黑配置別動隊。

在這場戰役中，奧地利軍損失了三萬多名兵力和六十門大砲，拿破崙軍的損傷卻幾乎為零，得以保留戰力，投入到之後的俄法戰爭。

拿破崙甚至還在給妻子約瑟芬的信中，自豪地說道：「我只靠行軍，就打敗了奧地利軍。」

烏爾姆戰役

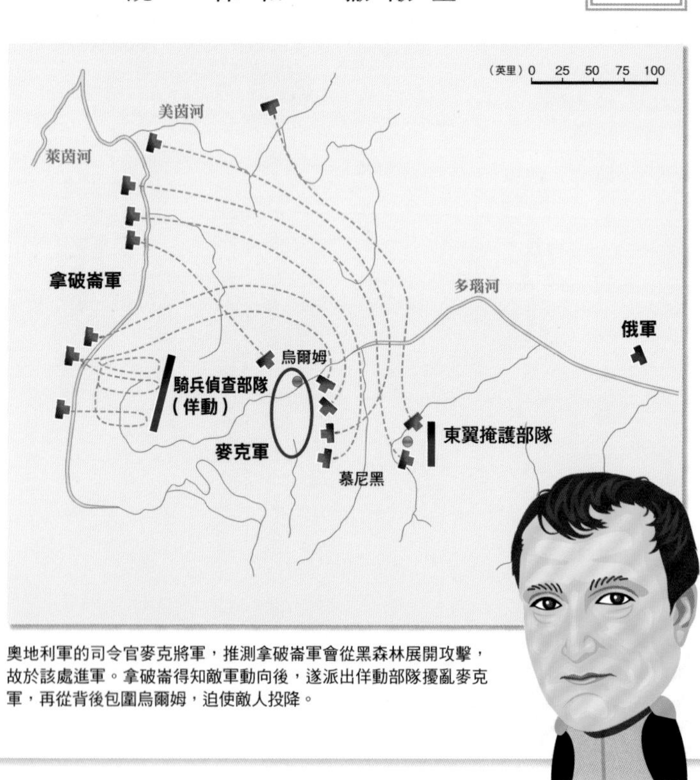

奧地利軍的司令官麥克將軍，推測拿破崙軍會從黑森林展開攻擊，故於該處進軍。拿破崙得知敵軍動向後，遂派出佯動部隊擾亂麥克軍，再從背後包圍烏爾姆，迫使敵人投降。

反「圍剿」戰爭

毛澤東

誘導敵人至有利之處（⬇100頁）

毛澤東接下共產黨軍指揮大任後，對於國民政府軍發動的包圍殲滅作戰（圍剿）展開小規模抗爭與撤兵，逐漸將敵人引誘進共產軍的勢力範圍，再出動大軍包圍。

法越戰爭

武元甲

細分組織，各司其職（⬇92頁）

越南共產黨的主要領導人武元甲，編列最少兩人的部隊，確保游擊戰不可或缺的機動性。越南軍神出鬼沒，把法軍玩弄在股掌之間，最終迫使法國撤出越南。

對德情報戰

邱吉爾

隱藏情報，我方也不例外（⬇206頁）

英國政府密碼學校破解了德國的「恩尼格瑪」密碼機，事先得知德軍將轟炸科芬特里。但為了避免暴露，邱吉爾刻意不採取任何防衛行動。（有此一說，尚未證實）

波斯灣戰爭

史瓦茲柯夫

危機解除，立即停戰（⬇218頁）

多國聯軍總司令史瓦茲柯夫，在鎮壓伊拉克軍的同時，也避免深入敵營內部。由於敵人已經失去反擊能力，再加上他判斷避免強攻，才能獲得聯合國的支持。

企業、體育界的領導人們

體育界和商場宛如新型態的戰場。《孫子》同樣能為這些新戰局提供致勝的錦囊妙計。

MS-DOS

比爾・蓋茲

掌握敵人不可或缺之物（⬇200頁）

一九八〇年，大型電腦公司IBM計畫開發個人電腦，進軍個人電腦市場，因而特地聘請比爾・蓋茲率領的微軟公司研發作業系統（OS）。

微軟在研發出作業系統MS-DOS之後，雖然以便宜的價格賣給IBM公司，但手中仍然保有系統的專利。同一時間，微軟也向其他公司公開這套系統。

由於電腦一定要有作業系統才能運作，微軟公司此舉等於掌握了電腦的心臟。於是，蓋茲把MS-DOS賣給IBM公司以外的電腦廠商，最終賺得一大筆授權金。最後比爾・蓋茲憑藉這些資金，研發出新的作業系統以及商用軟體，帶領微軟逐漸成長為巨型企業。

企業併購

孫正義

不戰而勝是最理想的勝利（⬇62頁）

每當商業界中企業併購（M&A）的戰略遭到外界多方批評時，Soft Bank的社長孫正義，都會引用《孫子兵法》加以駁斥回擊。他主張孫子所說的「不戰而勝」，才是兵法的真正價值；而套用在商場上，其實就相當於M&A。

ID棒球

野村克也

分析數據資料（➡88頁）

一九八九年，野村就任戰績低迷的養樂多燕子隊教練。他統整選手成績，分析出每個人的優缺點，並將結果應用於實際指導。

當時職業棒球界的指導方式大多只憑經驗和直覺，因此野村這種創新方法被特別稱為「ＩＤ棒球」，ＩＤ即Important Data的縮寫。在野村擔任教練兩年後，ＩＤ棒球的成效開始顯現，養樂多燕子隊躍升到Ａ級（第三名），隔年獲得聯盟優勝，再隔年登上日本第一。

野村在還是捕手時，就擅長在與打者配合的過程中收集情報、分析價值，這個習慣也在他成了指揮官後發揮極大的用場。此外，他也能善用諸多古今兵法。

SONY商標

盛田昭夫

積極轉型，始能立足不敗（➡148頁）

與井深大一同為日本跨國企業SONY紮下根基的盛田昭夫，始終追求產品的獨創性與開發速度。他的經營方針為早其他公司一步，率先推出革命性的創新產品，提高SONY的品牌人氣，從而奠定了企業形象。

目錄

孫子兵法實戰應用 2～7

從孫子兵法全面解讀古今戰略家 8～15

章

認識《孫子兵法》 21～32

1章 始計篇 準備的兵法 33~48

2章 作戰篇 用錢的兵法 49~60

3章 謀攻篇 計畫的兵法 61~78

4章 軍形篇 不敗的兵法 79~90

章

兵勢篇 統率的兵法 91～104

章

虛實篇 必勝的兵法 105～122

章

軍爭篇 幻惑的兵法 123～144

章

九變篇 逆境的兵法 145～158

9 章

行軍篇 分析的兵法 159～180

章

地形篇 賢將的兵法 181～192

11 章 九地篇 逆轉的兵法 193～210

12 章 火攻篇 決勝的兵法 211～222

13 章 用間篇 間諜的兵法 223～238

序章

認識《孫子兵法》

孫子是何方神聖？

歷經兩千五百年的思辨 隱沒於巨流中的傳奇作者

司馬遷在《史記》記錄的孫武形象

- 齊國人。
- 吳王闔閭研讀《孫子》13篇，認為孫武是優秀的兵法家，召請入宮。
- 孫武在闔閭面前訓練宮廷美女，展現練兵之法。（➡參照左頁）。
- 孫武獻計，幫助吳國攻下西邊鄰國楚國的首都，對北邊鄰國晉國造成長期威脅。

【以上摘自《孫子吳起列傳》】

- 闔閭首次計畫進軍楚國之際，孫武進言道：「應優先恢復國家的國力。」建議闔閭中止進軍。等到闔閭再次決意伐楚時，孫武與其同僚伍子胥一同進言：「應先攏絡楚的屬國。」最後順利取勝。
- 吳國在伍子胥和孫武共同輔佐之下，順利攻破楚國，令北邊的齊國及晉國生畏，並征服南邊的越國。

【以上摘自《伍子胥列傳》】

孫武與孫臏

《孫子兵法》的作者，是春秋時期（公元前七二二～四七三年）出仕吳國的軍事家孫武——這是西漢（公元前二〇二～公元八年）年間的史學家司馬遷，於其著作《史記》裡的記述。

然而，在比《史記》年代更古早的史料中，卻沒有留下任何關於孫武之名，或者是相關功績的紀錄。孫武真的是《孫子兵法》的作者嗎？歷史上究竟有沒有孫武其人？這些質疑聲浪也因而不斷出現。

不僅如此，《史記》裡還有另一名孫子登場——也就是孫臏，使得《孫子兵法》的作者之謎變得更加撲朔迷離了。

孫臏生存的年代，比孫武晚了大約一五〇年，是戰國時代出仕齊國的軍事家。當時的文獻中，亦有記載他是一位知名的兵法家，因此也有學者提出「《孫子》的作者應該是這位孫子才對」的觀點，這個論

斬殺寵姬，確立軍法

❶ 孫武將180名美女分成兩隊，任命兩名寵姬擔任隊長。

❷ 孫武細心指導美女們按照自己的號令，前後左右移動。

❸ 孫武命人打太鼓發號施令，然而美女們哄笑不止，無人理會。

❹ 孫武道：「沒有事先申明紀律，是身為將領的我的責任。」
因此又重複說明了5次。

❺ 孫武再次發號施令，這次美女們照樣笑而不動。

❻ 孫武道：「已經申明紀律，士兵卻毫無動靜，這是隊長的責任。」
隨即無視吳王求情，斬殺兩名擔任隊長的寵姬。

❼ 第三次發號施令後，美女們整齊劃一地做出動作。

❽ 見王不悅，孫武道：「王喜好議論兵法，卻似乎不懂得實際運用。」

點甚至一度成為主流。

不過，到了二十世紀後半，由於新史料的出土，人們成功解讀這批史料之餘，也促使《孫子兵法》的作者爭論導向了全新的方向。

一九七二年，在山東省西漢後期的墓葬中，出土了大批的竹簡（將切細的竹片以繩子串起，用來記錄文章的書寫材），其中包括內容與現行《孫子》版本相去無幾的孫子兵法書，以及由孫臏所撰寫的另一冊兵法書。這兩項重大發現證明了孫臏的兵書並不等同於《孫子》。

即使如此，孫武真的是《孫子》的作者嗎？孫武是真實存在的人嗎？……這些問題依然沒有得到答案。現今的主流看法是：既然沒有證據能夠確切否定，那就當司馬遷寫的是正確的吧。

追逐實質利益的戰爭

《孫子兵法》誕生於春秋時期（公元前七七二～四七三年），那是個小國林立、群雄紛爭的動亂時代。

輝煌一時的周王朝，自從東遷後，王室衰微，威望不如往昔，淪為有名無實的宗主。而分散四處的諸侯國各個想方設法擴大自己的領土，彼此傾軋，互相攻伐，不斷發動小規模戰爭。

這個結果使得春秋時期的戰爭型態與殷周時代相較，出現了極大的變化。殷周時代的戰爭，目的是為了彰顯國家強大的兵力，謹守禮儀規範；而春秋時期的戰爭，則是為了取得勝利，奪取對方的領土與權力，以功利為主要目的。提倡利益優先的《孫子》，正是春秋時期追求的兵法之道。

最早發掘《孫子》的價值，並拜請作者孫武入國的吳國，是位於長江下游流域的新興勢力。

《孫子兵法》的相關事件與人物

前771	周王室東遷，各諸侯國勢力逐漸強大。
前632	晉國成為中原霸主。
前6世紀末	晉國體制崩解，中原小國間的對立白熱化。
	江南地區的吳國和越國竄起。此時孫武出仕吳王闔閭。
前511	吳王闔閭開始進攻楚國。
前506	吳國攻陷楚國的國都郢。
	越王允常趁機進攻吳國。吳越交戰數次。
前496	越王允常之子勾踐繼位，積極進攻吳國。
	吳國與越國決戰，吳國大敗，吳王闔閭戰死。
	吳王闔閭之子夫差繼位，誓言向越王勾踐復仇。
	臥薪嘗膽（夫差睡在柴薪上、勾踐舔嚐苦膽，不忘復仇的故事）
前494	吳王夫差擊破越軍，越王勾踐在會稽請求談和。
前488	吳國攻占魯國，魯國成為半屬國。
前487	吳國擊破魯軍，締結城下盟約。
前485-4	吳國出兵齊國，取得勝利。齊國向吳國請求談和。
前482	吳王夫差在黃池會盟，逼退晉國定公，成為中原盟主。
前475	越王勾踐進攻吳國，花費3年包圍吳國國都。
前473	吳王夫差自盡，吳國滅亡。越王勾踐洗刷會稽之恥。
前5世紀半～	韓、魏、趙、齊、楚、燕六國爭奪中原霸權。
前353	魏國進攻趙國，趙國請求齊國支援（桂陵之戰）。
	齊國軍師孫臏設計引開魏軍後擊破。
前341	韓國遭魏趙聯軍進攻，請求齊國支援（馬陵之戰）。
	孫臏用增兵減灶的奇策引誘魏軍，順利擊破。
前312	北方秦國勢力抬頭，於西元前221年統一天下。

吳國並非正統的漢民族國家，地理位置也距離漢文化中心相當遙遠，就文化面來看屬於落後國家。但是這個特點，卻反而孕育出不排斥嶄新思想的風氣。

再從實質需求來看，吳國也需要防範鄰近的宿敵，也就是同樣以長江下游流域為根據地的越國。兩國都試圖朝長江以北的「中原」地區發展，彼此都亟欲解決掉麻煩的鄰國。而《孫子》思想的出發點，正是將越國視為主要敵國。

吳王闔閭自從拜請孫武入宮後，順利拓展霸業。然而諸國卻趁闔閭之弟造反、吳國內亂之際，重振旗鼓。公元前四九六年，闔閭出兵攻打越國，遭新即位的越王勾踐反擊而身亡。

闔閭死後，其子夫差繼位，與越國數度交戰。而吳王夫差與越王勾踐，便是成語「臥薪嘗膽」故事中的主要角色。

《孫子》共有13篇

1 始計篇

戰前的態勢整備與形勢分析

2 作戰篇

預估戰爭資金與預算評估法

3 謀攻篇

戰爭時的手段抉擇，以及將軍起用與指揮權的委讓

4 軍形篇

攻守的選擇，以及強化守備時如何靈活分析資料

5 兵勢篇

有效統率軍隊，提升士氣

6 虛實篇

迎擊時如何找出敵方弱點

戰爭的目的是利益

孫子認為戰爭的目的，並非只是單純地取得勝利結果，而是最終能夠獲得「某些利益」，並且以獲利為前提，撰寫《孫子兵法》。

換言之，利益與損失的計算衡量，將成為判斷勝負的關鍵。如果以追求利益為主要目的，最理想的戰略就是要盡可能減少損失，同時避免任何無法獲利的戰爭。這正是《孫子兵法》素有「雖是兵法，卻不好戰」評價的原因。

瓦解戰力平衡

在《孫子兵法》中，所謂的「戰力」，不光是指攻擊或是守備的能力，而是結合多項要素的綜合能力指標。

只要其中有一項要素減弱，整體平衡便會崩解，戰力也就隨之衰弱。由此可知，

13 情報對策 ← **7～12 面對各種狀況時如何規劃戰略**

13 用間篇
活用情報員與諜報活動的基本方針

10 地形篇
分類解析各種局面

7 軍爭篇
挽回前哨戰劣勢的戰略

11 九地篇
面對高風險戰爭時，將帥應採取的戰略

8 九變篇
利用前線局面，取得勝利
※包括避免第三者趁機攻擊後方的戰略

原則上，書中篇章是依照戰爭準備到收尾的時間順序來排列。

越後面的篇章，我方越是深入敵陣、戰爭風險越高。

12 火攻篇
促使戰爭結束的戰略

9 行軍篇
對應各種戰爭局面的具體範例，透過小徵兆洞悉當前局面

我方應該優先整頓己方條件，充實戰力；攻略敵方的基本戰術則是找出弱點，瓦解其戰力平衡。

除此之外，孫子也將戰力轉換成可計算的數值，從「創造出我方數值大於敵方的局面」的角度，闡述戰略。

戰果單憑個人能力

實際上，《孫子》儘管記述兵法之道，裡面卻沒有闡明具體的戰法。孫子在其著作中只傳授讀者基本的思考方針，例如遇到這種狀況時，要以這種觀點加以應對，剩下的都靠隨機應變。

但也正因為如此，讀者們能夠大幅拓展應用範圍，使得《孫子兵法》跳脫戰爭範疇，成為能靈活運用在商業等各種領域的戰略技巧。

貫穿古今的孫子

跨越時間地域的限制 現代人的戰略聖經

兵書經典不分古今

《孫子》最早便在戰國時期普遍獲得好評，就連當時的兵法書如《尉繚子》等，偶爾也會引用《孫子》的內容。

成書於戰國末期的《韓非子》，當中也寫道：「現今人人都談論兵法，家家戶戶都有《孫子》與《吳子》兩本兵法書。」西漢的史書《史記》中也記載：「說到兵法書，每個人都知道《孫子》十三篇和吳起兵法，不需要特地說明。」由此可知，《孫子》在古代便已相當知名，可說是一本跨越時代的超長銷經典。

歷久彌新的兵法準則

不過，《孫子》一書是用簡潔的文體寫成，因此有許多內容難以推斷原意。後來的人們似乎也感受到這點，因此編撰了大量的注釋本。現存最古老的注釋本，即是

由《三國演義》三大勢力之一的曹操所撰寫。到了宋代，也出現匯集以往十一本注本而成的《十一家注》。

不僅如此，《孫子》在唐代時也透過遣唐使傳入日本及朝鮮半島等周邊諸國，各國皆就其內容各自展開研究。一直到了十八世紀，前來中國傳教的法國傳教士，將滿語版本的《孫子》抄譯本翻譯成母語帶回國，這本東方的傳奇兵書才傳入西方。據說拿破崙讀的正是此版本，但至今仍沒有確切資料能夠證明他確實讀過《孫子兵法》。進入二十世紀後，《孫子》正式傳入西方世界，陸續出現英譯、德譯等諸國語言的版本。

西方的軍事專家為了探討日本和越南為何都能取勝的原因，因此將《孫子》作為研究環節之一，但由於內容極具普遍性，因此逐漸視為戰略書，持續傳承至今。

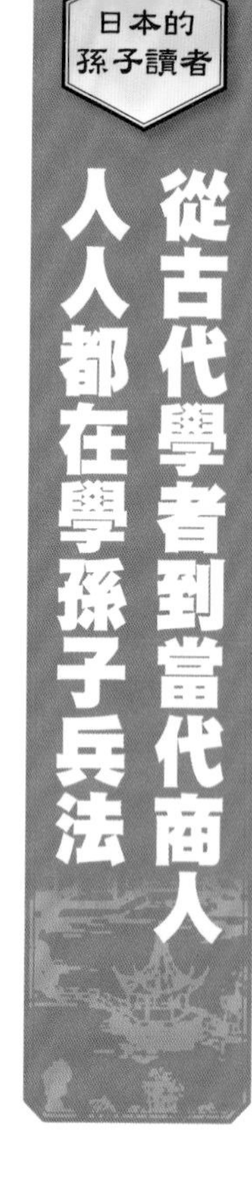

江戶時代的主要注釋者與書籍

林羅山

新井白石

吉田松陰

孫子諺解 林羅山 （1583-1657）	侍奉德川家康以降的將軍，歷任四代，提攜幕府的文教行政。
孫子義 山鹿素行 （1622-1685）	結合了儒學與甲州流兵學，在後來形成山鹿流兵學傳承下來。
孫子兵法擇 新井白石 （1657-1725）	儒學家。由於六代將軍推舉而參與幕政，將儒學思想化為政治手腕。
孫子國字解 荻生徂徠 （1666-1728）	儒學家。曾為五代將軍的學友。與新井白石是思想上的對手。
孫子副註 佐藤一齋 （1772-1859）	儒學家。門下備出，包括佐久間象山及渡邊華山等人。
孫子評注 吉田松陰 （1830-1859）	思想家、教育家。主辦松下村塾，門下有高杉晉作、久坂玄瑞等人。

武士素養繫於孫子一書

日本運用《孫子兵法》的紀錄可以追溯到奈良時代。根據《續日本紀》的記載，有六名擔任護衛的舍人，向學問淵博的吉備真備學習孔明八陣、《孫子》的九地篇和結營向背（行軍篇）等知識。據說真備在擔任遣唐使時，曾經學過兵法。

到了平安時代，貴族需要學習從中國傳來的漢文經書，《孫子》也是其中之一。不過，當時《孫子》並不像四書五經與漢詩一樣普及，或許是因為王公貴族與戰爭無緣吧。

雖然現今已無從得知以戰爭為天職的武士是從何時開始接觸《孫子》，但到了戰國時代，《孫子》已經成了武士的基本素養之一。武將們並非直接閱讀書籍，而是向智僧請教知識。於此之際，《孫子》的地位與武經七書中其餘的六書同等，並無特殊待遇。

戰國武將必讀——《武經七書》

《孫子》與以下6本書合稱《武經七書》

◉ 尉繚子

秦朝的軍政長官（國尉）尉繚的軍事問答集。幾乎承襲《孫子》與《吳子》的思想，同時主張實施全民皆兵的富國強兵之道。

◉ 吳子

由戰國初期魏國的將軍吳起所著。書中內容的實用性更勝《孫子》，例如依士兵體格分配不同的武器，此外受儒學影響的程度也較深。

◉ 黃石公三略（三略）

據說是黃石公所撰，而後傳授給漢朝軍師張良的兵法書。書中以整治亂世為重點，主張戰爭是逼不得以才採取的方法。

◉ 司馬法

原為春秋時期齊國的大司馬田穰苴所頒行的兵法，於戰國時編撰成冊。主張平時與戰時為一體兩面，兩者應相互保持平衡。

◉ 六韜

據說由周武王的軍師呂尚（太公望）所撰，採周文王、武王和呂尚一問一答的對話體例。按照國政及戰略等主題，全書分成6篇。

◉ 唐太宗李衛公問對

據傳是唐朝將軍李靖所撰，為李靖與唐太宗（李世民）的軍事對話錄，書中有許多關於《孫子》內容的闡述與問答。

一直到了江戶時代，《孫子》才開始受到好評。日本首位撰寫《孫子》注釋本的人，是江戶初期的儒學者林羅山，他在序言寫道：「古今兵書，無人能出其右。」之後，以山鹿素行、新井白石、荻生徂徠、佐藤一齋等儒學者為中心，各種《孫子》注釋本陸續問世。甚至在幕末年間，吉田松陰也以自己撰寫的《孫子》注本當教材，在松下村塾授課。

不過，日本在進入明治時代以後，軍事教育轉向西洋兵學，人們對《孫子》的興趣不如以往，相關出版物只停留在學術研究和儒學家全集的一部分而已。

直到一九六〇年代起，《孫子》才成為高度普及的戰略書。市面上一口氣出現大量主攻商務人士的《孫子》相關書籍，傳授商場戰略及處事之道，這樣的風氣也延續到今日。

《孫子》的特點		《戰爭論》的特點
 ◆孫武（孫子）		 ◆克勞塞維茨
對鄭國的基本軍事戰略，自薦獻給吳王。	執筆的動機	探究拿破崙軍隊敗北的原因，成就自己身為軍事教育者的天職。
戰爭只是國家獲得利益的一種手段。	戰爭的目的	透過戰爭為國家政治（特別是外交）提供良機。
假定主要敵國（越），但周邊諸國全都有可能成為敵人。	假定的敵人	宣戰的國家。
前往前線，單獨採取靈機應變的戰略。	司令官的立場	位居後方，經過各項討論後決定戰略，向前線發出指令。

記取敗戰而生

二十世紀，最早的《孫子》完整譯本傳入西方世界。由於《孫子》的內容著重於戰略，當時的人們不免將其與同為傳授戰略的軍事理論著作《戰爭論》互相比較。

《戰爭論》是普魯士軍人兼教育家克勞塞維茨（一七八〇～一八三一）的作品，在他辭世後遺留了大量草稿，經由後人整理出版而成。

克勞塞維茨年輕時即從軍，曾參與拿破崙戰爭（一八〇四～一八一五）。他分析拿破崙軍隊敗北的原因，確信「戰爭是政治的延續」，終其一生追尋活用此定義取勝的方法。

《戰爭論》堪稱是普魯士兵學的核心，在明治時代以後，日本也導入此部兵書，對國內造成極大的影響。

1章

始計篇 準備的兵法

【行動前的準備】

孫子曰：

兵者，國之大事，

死生之地，存亡之道，

不可不察也。

故經之以五事，校之以計，

而索其情。

文義

孫子說：戰爭是國家的頭等大事，關係到軍民的生死、國家的存亡。為了降低士兵死亡及國家滅亡的風險，應該理解、運用兵法。為此，必須透過五個方面的分析、七種情況的比較，來預測敵我雙方的戰力差異。

忽視風險，將帶來高風險

戰爭存有大量的風險。不僅交戰過程中時常伴隨「戰況改變」、「作戰失敗」等風險，即便終戰時，也有「敗北」的風險，戰後亦有「滅亡」和「死亡」的風險。如果沒有制定相應對策，風險終將成為現實。

然而，現實生活中卻有不少毫無準備對策的例子。我們可以依發生的背景，概略分為兩種主要狀況。

第一種是沒有意識到風險，這個狀況的發生原因是基於情報量不足，無從體認。第二種則是輕視風險，這種狀況則是因為對現狀過度自信，認為已經做足準備，往後絕對不會出現問題，因此無心思考對策。

這兩種「未將風險視為風險」的狀況，正是戰爭時最大的風險。孫子也在書中強烈呼籲讀者重視這點。解決

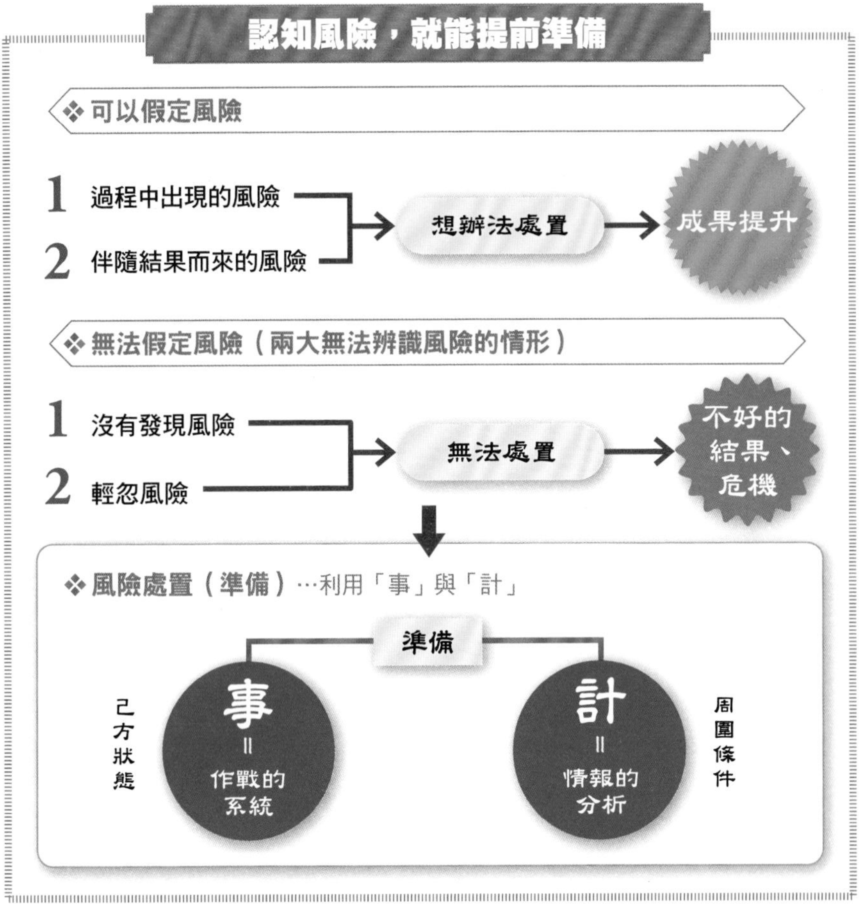

認知風險，就能提前準備

❖ 可以假定風險

1 過程中出現的風險
2 伴隨結果而來的風險
→ 想辦法處置 → 成果提升

❖ 無法假定風險（兩大無法辨識風險的情形）

1 沒有發現風險
2 輕忽風險
→ 無法處置 → 不好的結果、危機

❖ 風險處置（準備）…利用「事」與「計」

準備

己方狀態：事＝作戰的系統

周圍條件：計＝情報的分析

這個最大的風險後，自然能夠留意到其他的風險，並針對這些問題思考解決對策。

備戰是首要戰略

如果對風險置之不理，將會促使風險的發生率以及危險程度雙雙升高。因此在早期階段，也就是在準備的階段就先想好對策，這一點非常重要。孫子將準備作業視為重要戰略之一，在《孫子兵法》十三篇裡，有整整四篇都在談論準備作業的重要性。

備戰時的最優先課題，便是評估自己的狀態，同時分析周圍的條件，確認是否能有效運用在戰爭上。前者稱為「事」，後者稱為「計」，後面將會深入介紹。

道者，令民與上同意也，
可與之死，可與之生，而不畏危也。
天者，陰陽、寒暑、時制也。
地者，高下、遠近、險易、廣狹、死生也。
將者，智、信、仁、勇、嚴也。
法者，曲制、官道、主用也。

文義

令百姓與上位者意志齊一，則可以同生共死，不會懼怕危險。有無針對晝夜、寒暑、四季更迭的對策；有無調查攻略地點，掌握路程遠近、地勢險要、戰場狹窄或廣闊、危險還是安全等地理條件；將領是否具備足智多謀、值得信賴、關愛下屬、勇敢果斷、軍紀嚴明的特質；有無制定法條，決定組織權責如何劃分、人員如何編制、指揮權如何分配。

系統的五大關鍵

備戰時，必須先確認這場戰爭是否能獲得勝利，仔細剖析己方狀態。

孫子將此階段的分析重點分成五件「事」（五事），並舉例說明。

〈道〉…統領方針
〈天〉…自然條件的對策
〈地〉…調查作戰環境
〈將〉…率領組織的人才
〈法〉…人事面的規矩訂立

只要集中分析這五點，就能夠建立起強大的作戰系統。孫子所提倡的戰略，通常不出合理和效率這兩點，上述的五事也不例外。

建立作戰系統，迴避風險

「道」的重點，是平時就要獲得組織成員的支持。如此一來，等到實際戰鬥時，成員們也會信任領導者的方針，齊心協力共同行動。

「天」與「地」的重點，是掌握確實的戰鬥條件，並依條件改變戰略。由於戰略一經更動，支出費用也會隨之變化，因此這點也與成本管理息息相關。

「將」的重點，是領導人擁有戰鬥技巧，並且具備能獲得現場人員信賴的資質。

「法」的重點，是明確規範出工作內容與責任歸屬。職責混淆不清，便容易造成現場混亂。

像這樣建立起穩固的系統，自然能迴避大規模的戰爭風險。雖然一般會將系統整備視為解決效率低落等問題的方法，但別忘了，這最終還是為了迴避風險而採取的對策。

建立完整的作戰系統

戰爭的 5 大確認重點

五事	確認重點	結果
道（統治）	有無抓住人民的心？	YES / NO
天（氣候時節）	是否選擇適合戰鬥的條件？	YES / NO
地（地形）	事先是否調查敵地的環境？	YES / NO
將（將帥）	有無擁有領導資質的人選？	YES / NO
法（人事）	組織能否按照規矩行動？	YES / NO

NO 的情況 → 調查原因 → 尋求對策

YES 的情況 → 重新審視現狀 → 尋找改善的空間

始計篇 3

調查實力差距

主孰有道？將孰有能？天地孰得？法令孰行？兵眾孰強？士卒孰練？賞罰孰明？

文義

我國與敵國，哪方的君主更能夠贏得民心？哪方的將領更有統兵率將的能力？哪方的戰爭環境更占天時地利？哪方的法規和命令更能嚴格執行？哪方的軍隊更強大？哪方的士兵更訓練有素？哪方的賞罰更公平嚴正？

勝負取決於綜合能力

即使已經構築作戰系統，但若是周遭條件不利，依然無法發揮出完整的力量。這個時候，便需要分析敵我雙方的條件。孫子將此時應深入調查的條件重點分成七個「計」（七計），透過七計，正確分析當前是否對己方有利、是否處於有機會戰勝的情勢。

影響情勢要素的條件共有七條，由此我們也可以明白，勝負並非取決於單一條件，而是取決於數個條件加總起來的綜合能力。

如果只鎖定小型局面，也許單一條件就能左右整個局勢，但最終還是由綜合能力較強的一方勝出。孫子認為五事與七計，是決定勝負的關鍵，後面的戰略也都以此觀點為基礎。

因此只要明白「勝負取決於綜合能力」，那麼我方可選擇的行動方針也

判斷當前的情勢

七計 深入分析情報的 7 大重點

運用數值
個別評分

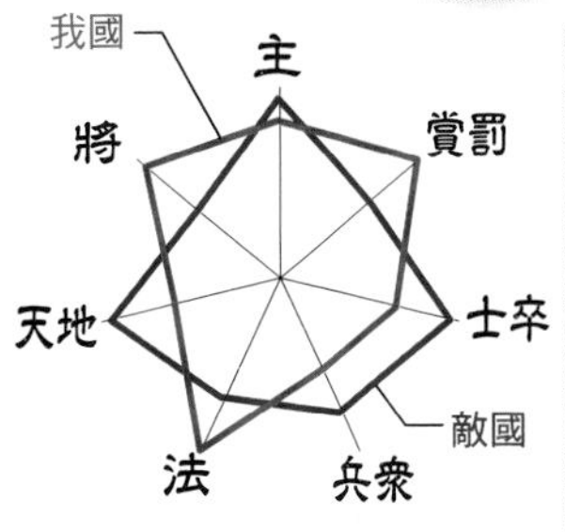

七事	分析的內容	我	敵
主	統治合乎道理	分	分
將	將領（領導人）有能力	分	分
天地	環境、條件有利於戰事	分	分
法	組織有按照規則運作	分	分
兵衆	軍隊（隊伍）強大	分	分
士卒	士兵（成員）訓練有素	分	分
賞罰	賞罰適切且分明	分	分

如上例，
比較各項條件後，
分別找出自己
與敵人的特徵，
攻略重點也會變得
更清晰可見。

會隨之增加，從結果來看，也能有效提高戰勝機率。

將敵我條件可視化

孫子提到，只要正確評估敵我「七計」，就能在戰前得知勝負。不過，不同於用「完整度」來評價的作戰系統（「五事」➡36頁），「七計」的情勢分析必須透過充實度、達成度等程度來評量，難度相對較高。

針對這個難題，孫子的建議是先比較敵我的現狀後再評分。如此一來，就能夠洞悉敵我的特徵，確認準備的方向。即使我方某項條件處於劣勢，也可以活用其他優勢條件，制定更多元的對策。

分析是謀略的基礎

將聽吾計，用之必勝，留之；將不聽吾計，用之必敗，去之。計利以聽，乃為之勢，以佐其外。

文義

將領聽從我的情勢分析並運用在軍事上，任用他必勝，就留下他；將領不聽從我的計策，任用他必敗，就辭退他。將領明白情勢分析的重要性，願意聽從我的計策，創造出遠勝於原先戰力的優勢，將成為克敵制勝的助力。

「計」是戰爭的基礎數據

若以建築來比喻戰爭，「事」等同於基礎工程，「計」等同於測量等各種調查，也就是資料收集、分析數據等作業流程。為了建造出符合規定的理想建築，「計」的數據資料從中發揮莫大作用，絕對不可或缺。

可以說，「計」是描繪戰爭藍圖時的重要基礎數據。如同無視基礎數據的建築不可能符合建築標準，終將面臨毀壞崩塌的慘況；不重視「計」的將領，必然導致國家毀於一旦。因此孫子認為不遵從「計」的將領必敗無疑，必須辭退。

順帶一提，這段文章還可以解釋為「若不聽從我（孫子）的分析，我就離開這個國家」，這與「無視分析的計畫絕對會失敗（所以就算有我在也沒意義）」的主張相同。

不用七計（情勢分析）就毫無意義

以七計比較敵我雙方，找出下一步該採取的行動。

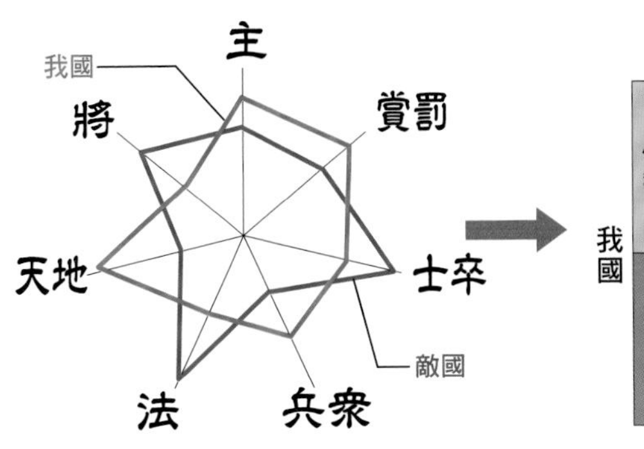

我國＼敵國	優勢	劣勢
優勢	削弱 強化	攻擊 助長
劣勢	守備 改善	助長 改善

❖若不使用七計…

七計	開戰判斷	行動初期	士氣	
使用	目標明確	順利	上升	助長氣勢
不用	容易失誤	混亂	下降	氣勢低落

數據助長組織氣勢

孫子解釋，「計」之所以如此重要，其實還有另一項原因，就是能孕育出取勝條件的必須要素，那項要素名為「勢」。

「勢」指的是組織氣勢旺盛，也就是乘著勢頭的良好狀態。在氣勢絕佳狀態之下，組織將湧現出由成員們結合而成的力量（⬇103頁）。因此，孫子認為「勢」能在關鍵局面創造出取勝的契機。

從結果看來，只要計畫制定得夠周詳，組織得以順利行動，自然會點起「勢」，勝算也會跟著提高。而這個周詳的計畫必須透過「計」才能制定，由此可知「計」的重要性。

兵者，詭道也。故能而示之不能，用而示之不用，近而示之遠。

文義

備戰時的基本戰略，就是欺騙敵人。有能力而裝作沒有能力，有用處而裝作無用處，欲攻打近處而裝作攻打遠處。

流出假情報

實行「計」（情報分析）後，在戰前就能預知勝負結果」（⬇38頁）。但想當然，敵方也會採取分析手段，比較雙方的綜合能力。

這個時候，詭道——誤導敵人，使敵方錯誤分析情勢，將成為重要的戰略。透過各種管道發布情報，干擾敵人的訊息收集及分析作業。可以說當情報戰開打的瞬間，戰爭便已經揭開了序幕。

「詭道」可分為兩種類型。其中一種正是放出假情報，讓敵方誤以為我方情勢比實際上還差，進而做出錯誤判斷（另一種類型詳見⬇44頁）。

雖然孫子表明了預測及認知戰爭風險的重要性（⬇34頁），但情報作戰卻必須從反方向著手。

虛張聲勢反而危險

假裝我方情勢不利，敵方就無法準確認知風險。如此一來，敵人即使發現內部弱點，也會認為沒必要改善，交戰時也會派出較弱的兵力，而我方將有機可趁。

不過，雖然同樣是放出假情報，孫子卻絲毫未提及「虛張聲勢」的作戰方式，也就是假裝我方情勢遠勝於實際狀況。

強大的對手或許能暫時削弱敵方的戰意，但同時也會增強危機意識，交戰時容易陷入敵我雙方不斷強化的循環，不僅會增加作戰成本，局勢也變得難以掌控，導致分析失準。

戰前的情勢分析講求正確性，應避免容易招致混亂的策略。

始計篇 6

找出對手的弱點

> 利而誘之，亂而取之，
> 實而備之，強而避之，
> 怒而撓之，卑而驕之，
> 佚而勞之，親而離之。
> 攻其無備，出其不意。

文義

敵兵貪利，就用利益誘惑；敵軍混亂，就趁機攻取；敵軍布陣無懈可擊，就要謹慎防備；敵方攻勢強，就要避免交戰；敵將易怒，就挑釁他；敵將謙卑，就使他驕傲自大；敵方體力充沛，就發起小型攻擊使其疲於奔命；敵隊親密團結，就挑撥離間。攻打對方沒有防備之處，趁對方尚未料到的時機發動進攻。

知己亦知彼

另一個「詭道」是收集情報。掌握敵人的強項與弱項，找出能徹底利用的方法。

前述戰略（➡42頁）的目的，是流出假情報，藉此干擾敵人，進而誤判情勢。此處的戰略則是以實踐為主，找出能干擾敵方統率或指揮系統的攻略重點。

基本運用方法是找出敵人的弱點，鎖定該處進攻。凸顯敵人的弱點，增強我方的優勢，再趁隙攻擊。

當敵方占優勢時，我方應避免正面對決，並且想辦法使對方無法百分百發揮力量。若敵人無懈可擊，絕對不要貿然攻擊，更不可在對方占據優勢時輕易出手；若逼不得以需要硬碰硬時，就想辦法消耗對方的體力，使其疲憊不堪。

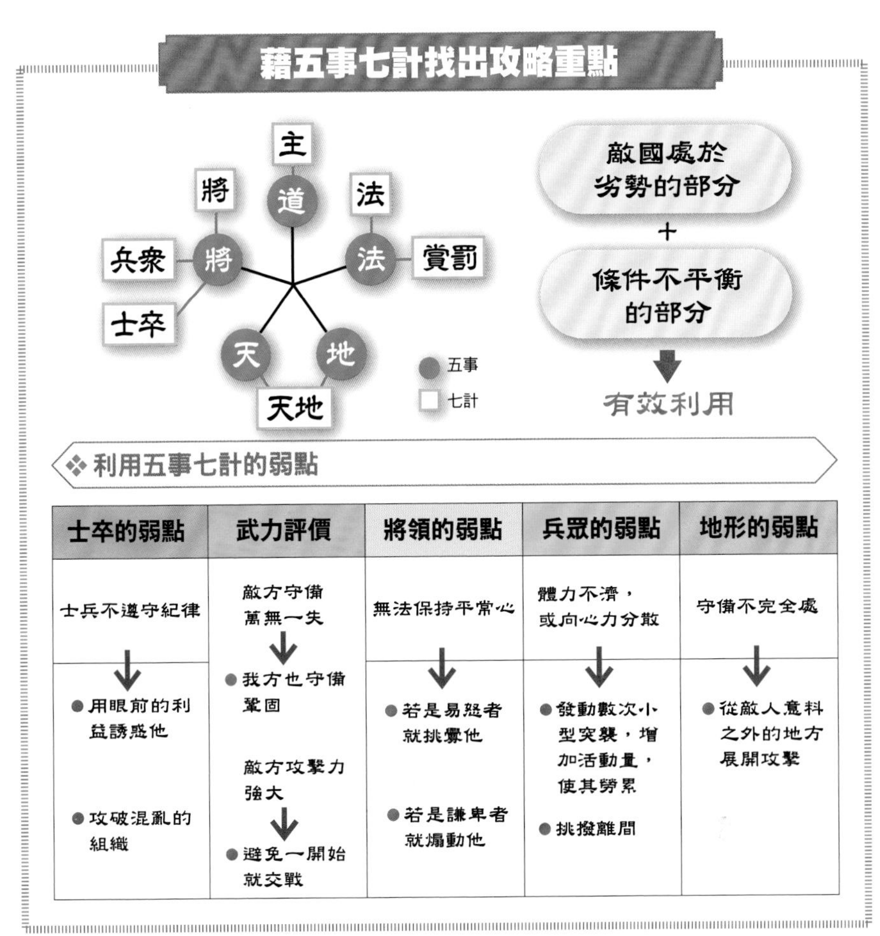

士卒的弱點	武力評價	將領的弱點	兵眾的弱點	地形的弱點
士兵不遵守紀律	敵方守備萬無一失 ↓ ● 我方也守備鞏固 敵方攻擊力強大 ↓ ● 避免一開始就交戰	無法保持平常心	體力不濟，或向心力分散	守備不完全處
↓ ● 用眼前的利益誘惑他 ● 攻破混亂的組織		↓ ● 若是易怒者就挑釁他 ● 若是謙卑者就煽動他	↓ ● 發動數次小型突襲，增加活動量，使其勞累 ● 挑撥離間	↓ ● 從敵人意料之外的地方展開攻擊

完美的作戰計畫不存在

採取「詭道」時，最重要的就是必須徹底活用情報。找出敵人的弱點後積極應用於作戰方針，或是製造出假情報，作為作戰的棋子。

不過，當雙方開始交戰後，戰場局勢每分每秒都會出現變化，敵人的強弱條件也會隨著情勢改變。從現實面看來，無論戰前收集了多麼龐大的情報，依然得等到實際開戰，才能判斷情報的可靠性。

想在準備階段制定出完美的作戰計畫是不可能的。牢記「不可能準備至善」這句話，假設各種可能遇到的狀況，增加作戰計畫，做足充分準備，也是非常重要的環節。

夫未戰而廟算勝者，得算多也；未戰而廟算不勝者，得算少也。多算勝，少算不勝，而況於無算乎？

文義

在宣戰之前，經過廟算模擬，若得到「勝利」的結果，代表我方的有利條件較多；若沒有得到「勝利」的結果，代表有利條件較少。模擬時的勝算大，在實戰中能取勝；勝算小，實戰中不可能獲勝。如果完全沒有取勝的把握，就不應該發起戰爭。

戰前模擬與現實趨於一致

將準備階段的「事」與「計」統整過後，便能歸納出以下的階段。

①確認己方的狀態與周遭條件
②依照「五事」整備體系
③以「七計」為基礎，擬定作戰內容（同時制定混亂敵方的「計」）

孫子於此處增加一個新階段，那就是用戰前模擬來評估勝負。

古人在開戰前，會先舉行「廟算」的儀式，事先預測勝算。廟算雖然只是一種宗教儀式，但孫子認為只要透過「計」，就有辦法正確模擬。

作戰系統是否萬全、情勢條件是否有利、作戰計畫能否實行、實行後的成功率是多少等等，將這些問題分別評分，合計分數高就能取勝，分數低則會落敗。

這種純粹靠計算來評斷軍事行動的

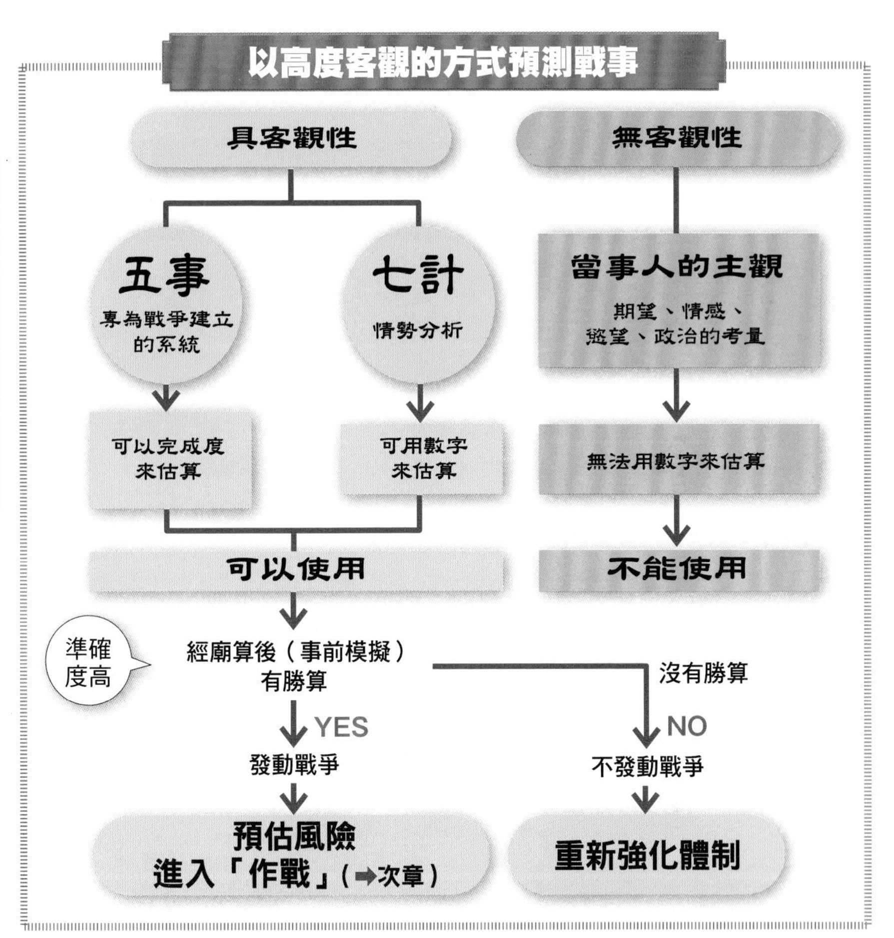

方式，也反映出孫子的思考側重理論性的一面。

重視客觀勝於主觀

只要每個條件的分數都正確，便能夠取得與實戰結果一致的總分。由此可知，君王與將領特地到宗廟（祭祀祖先的宮祠）舉行戰前會議與模擬是有其意義的。根據古代的習俗，到廟裡舉行某些儀式，相當於是去除君主的主觀，也就是保持客觀性。

那麼，如果客觀的戰前模擬結果顯示毫無勝算，該怎麼做才好呢？

這時候必須想辦法增加得分，因此得回到階段②③，強化體制。回頭重新檢視策略，也是準備階段的重要戰略之一。

情勢分析的具體項目

孫子認為情勢分析有７大重點，英國歷史學家霍華德則特別舉出社會、作戰、技術、後勤這四大層面。他認為德國之所以在兩次世界大戰都落敗，正是因為德國輕忽了後勤的重要性。

同為英國人的政治學家格雷，則舉出了17項重點。他認為這些重點皆息息相關，即使某方面較遜色，也能從其他方面補足，只要提高綜合指數，就能得到更勝於敵方的優勢。這與孫子的想法如出一轍。

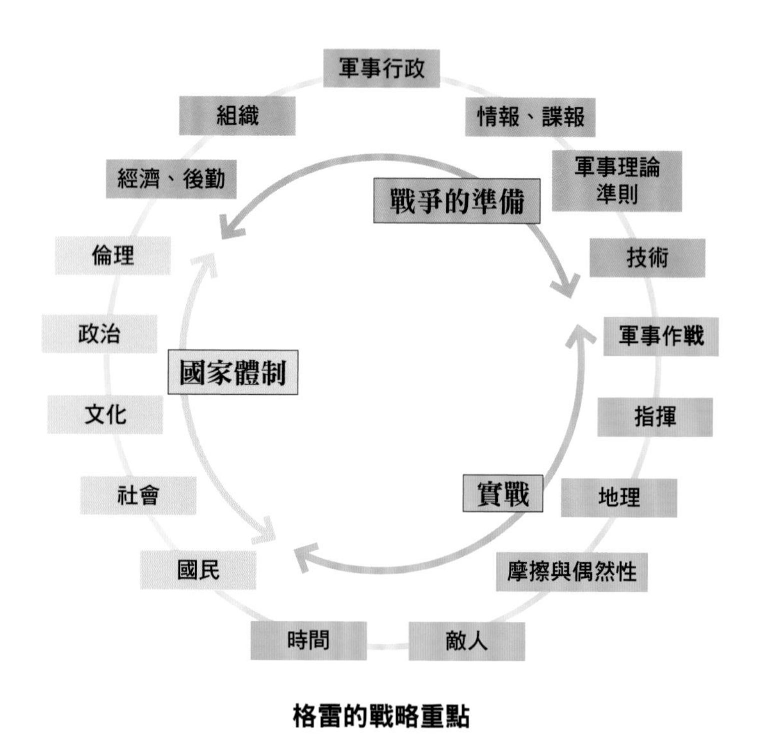

格雷的戰略重點

2章

作戰篇　用錢的兵法

【評估成本和集資】

故兵聞拙速，未睹巧之久也。
夫兵久而國利者，未之有也。
故不盡知用兵之害者，
則不能盡知用兵之利也。

文義

只聽說過將領缺少高招難以速勝，卻沒有見過指揮高明而巧於持久作戰。長期戰會使成本增加，即使取勝，獲得利益，整體而言仍是蒙受巨大損失。因此，沒有仔細思考戰爭害處的人，就無法全面瞭解戰爭的益處。

戰爭也有經濟成本

戰爭從準備期開始，就得花費巨大的成本。從機械和糧食的採買、補給線的建構，到招募同盟國家或至少能確保雙方友好關係的外交支出等等，全都是為了創造出能與敵方交戰的情勢，勢必得投資的成本。而進入實戰後，花費的成本也還會持續增加。如果戰事延長，轉為持久戰的話，又會出現怎麼樣的變化呢？

最直接的影響是戰場上的士氣低落及戰力疲乏，不過孫子認為更嚴重的問題是作戰成本將不斷增加，重創國內經濟。

當國內經濟活動趨緩，戰前規劃的作戰系統和情勢也會隨之惡化。當我方陷入四面楚歌的窘境時，正是敵人進攻的絕佳時機。換句話說，一旦戰爭成本增加，將會衍生出新的風險。

成本會隨時間延長而增加

❖戰爭需要花費3大成本

1 輸入成本
- 確保兵糧
- 購入、製作機材
- 建構補給線
- 對外費用（外交等）

2 運輸成本
- 補充耗材
- 機材保養
- 維持補給線

3 經濟對策的成本
- 收入減少
- 物價上漲

1 → 金額較大，但固定

2、3 → 金額相對較小，但戰事延長後會快速增長

❖戰爭時間與成本的關係…花費時間越久，成本越高

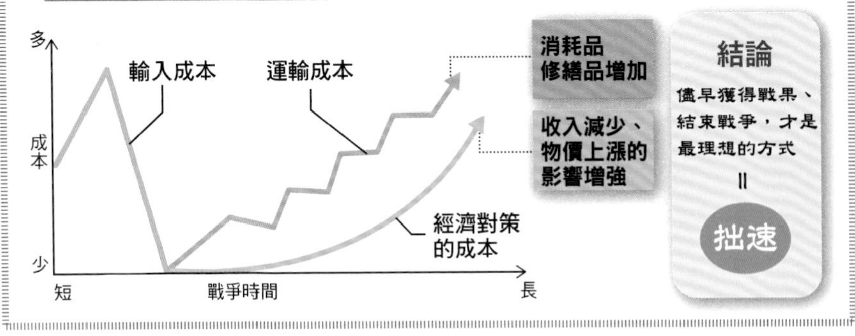

該選擇何時停損？

不僅如此，即使熬過這個新風險，順利取勝，持久戰花費的大量成本也會造成我方的損失。講白一點就是「贏了也吃虧」。這樣的結果不但使戰爭失去原先的意義，團隊士氣也會大幅低落。

為了迴避這些風險，領導人應避免在對經濟面追加超出預定的負擔，並制定能夠獲得利益的作戰計畫。孫子提到的「拙速」，就帶有這層含義。

隨時抱持成本意識，也就意味著決定損益平衡點非常重要。在未超過損益平衡點的情況下結束戰爭，便能夠有效確保我方利益，不僅為戰爭賦予意義，還能迴避風險。

善用兵者，
役不再籍，
糧不三載，
取用於國，
因糧於敵，
故軍食可足也。

文義

善於用兵的戰略家，只需要在開戰前徵集兵員，不必在戰時陸續徵集兵員；只需在出陣及凱旋時運送兩次軍糧，過程中無須多次運送。戰前在國內準備好武器裝備，戰時設法從敵方奪取糧食，這樣軍隊的物資就充足了。

籌備資金的時機

孫子將投入戰爭成本的時期，分為三個階段。首先是戰爭開始前投入的成本（輸入成本），接著是延續戰爭的成本，包括維持現場戰力的成本（運輸成本），以及應對經濟變化的成本（經濟對策成本，⬇51頁圖）。最後是戰爭結束後的處理成本。而這些資金來源，不外乎自行集資，或是尋求周遭國家援助（投融資）。

問題是，每個時期能籌措到的資金額度都不同。正式開戰之前，本國的經濟尚有餘力支應，周圍國家的援助意願也較高；可是等到戰爭持續一段時間後，國內無法累積新的財源，援助國也會抱持觀望態度，不會再額外出資了。只有到了戰爭的收尾階段，才能再次籌備到新的資金。

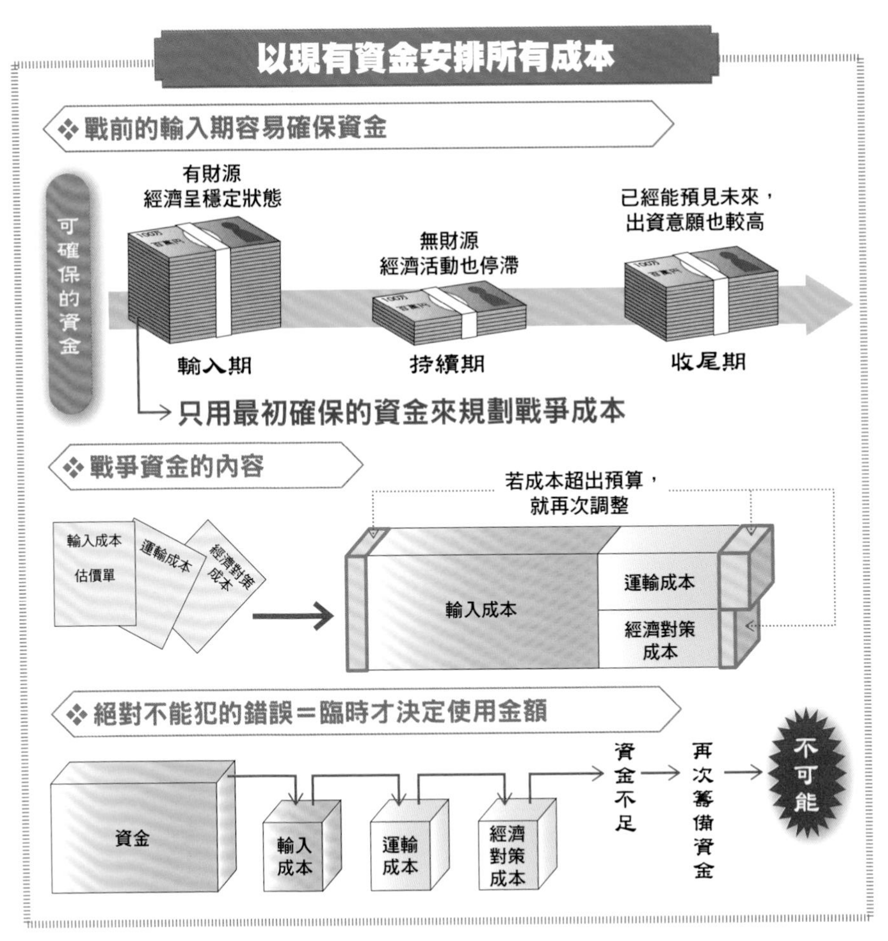

機會只有一次

輕視成本的人，容易抱持「現在集資碰壁，到時候再想辦法就好」的天真想法。希望大家記住，這種心態不過是癡人說夢。在實際戰爭過程中，根本沒有機會再次籌到資金。

瞭解資金籌備的要點後，相信各位就能明白減少戰時經濟負擔的最好方法，即開戰前就優先考慮財源。也就是說，無論戰事後續發展如何，也只能投入當初定好的預算。

孫子所說的「不再籍」，意味著只用最初的資金分配輸入期及持續期的成本；「不三載」則是兵糧只在戰前與戰後各配給一次。儘管這會使得預算安排變得更困難，但秉持「不額外增加預算」的信念，才能將整場戰局維持得滴水不漏。

國之貧於師者遠輸，遠輸則百姓貧；近於師者貴賣，貴賣則百姓財竭，財竭則急於丘役。力屈財殫，中原內虛於家。百姓之費，十去其七。

文義

國家之所以因戰爭而貧困，是由於軍隊遠征，不得不長途運輸物資。運輸路途長，必然對百姓造成負擔；戰場近，則會造成物價飛漲，必然致使家計困難。這兩種情況都會導致軍費減少，耗盡戰場上的軍力，國內財源也會枯竭，百姓私家財產的損耗甚至可達七成。

為什麼成本會錯估？

已經利用戰前籌備的資金安排好預算，卻還是面臨資金短缺的危機。造成這個問題的最大原因就是成本預估錯誤，孫子即在書中舉出三個錯估成本的緣由。

第一個原因是沒有考慮到耗損的問題，在此以簡單易懂的補給經費為例。當補給線的距離拉長時，除了會增加輸送費用以外，運送的物資經過長途跋涉後，毀損率也會隨之上升。此時若不增加輸送量，物資必定會供不應求；但是輸送量增加，不只會帶動購買成本上升，所需勞力與經費勢必也會增長。

因此若事前沒有留意到這些損耗，就容易錯估成本，導致資金不足。

第二個原因是沒有考慮到消耗品的補充及機材的修理費用。孫子認為這

導致成本錯估的三個陷阱

1 沒考慮到耗損

理想 → 達到100%

現實 → 達到80%　沒估算到20%的耗損，產生新的成本

應對 → 預估120%的物資

2 沒考慮到消耗補充與修理費用

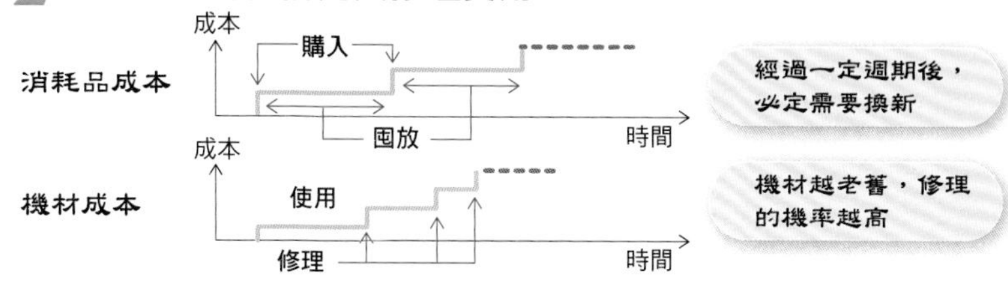

3 沒預測經濟情勢變化

例：通貨膨脹時

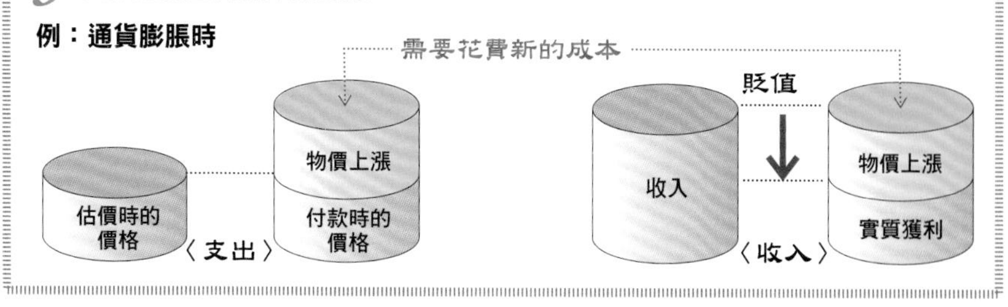

此費用「占了總預算的六成」，如果不慎遺漏，將導致嚴重的估算失誤。

預測經濟情勢的變化

第三個原因是沒有預測經濟情勢的變化。孫子便舉了通貨膨脹為例子。由於開戰前需要採買大量的物資，此舉將造成通貨膨脹。然而，通貨膨脹不只直接導致採購費用增加，民生物資的花費隨之上漲，軍隊能運用的資金也就相對減少。也就是說，無論支出或收入，兩方面都會受到打擊。

不過，一般的企業專案不同於國家間的戰爭，並不會影響物價跌漲，但依然有不少可預測的個人經濟變化，例如勞力增加、收入減少、景氣變動等等。

減少我方負擔，增加敵方支出

智將務食於敵，食敵一鍾，當吾二十鍾；萁稈一石，當吾二十石。

文義

明智的將軍會從敵人身上掠奪物資，填補自軍的消耗。使用從敵國奪取來的糧食和飼料，相當於從國內運來物資的二十倍價值。

成本也能是戰略手段

如前所述，成本會造成國內經濟力下降，屬於戰爭的不利要素之一。伴隨成本而來的危機主要如下：

①擾亂作戰系統，無法判斷局勢
②資金短缺
③額外支出會招致風險

只要具備正確的成本觀念（➡50頁），能夠將預算控制在初期資金內（➡52頁），並正確估算成本（➡54頁），就能有效避免這些問題。然而實際執行起來卻沒有這麼容易。

難道成本只能是對我方不利的棘手存在嗎？孫子在此建議反向思考。

不是只有我方有成本的問題，敵方也同樣需要花費成本，對敵人來說，成本也是不利要素。也就是說，只要懂得善用成本，就能轉化為打擊敵方經濟的武器，把敵人逼入前述①～③

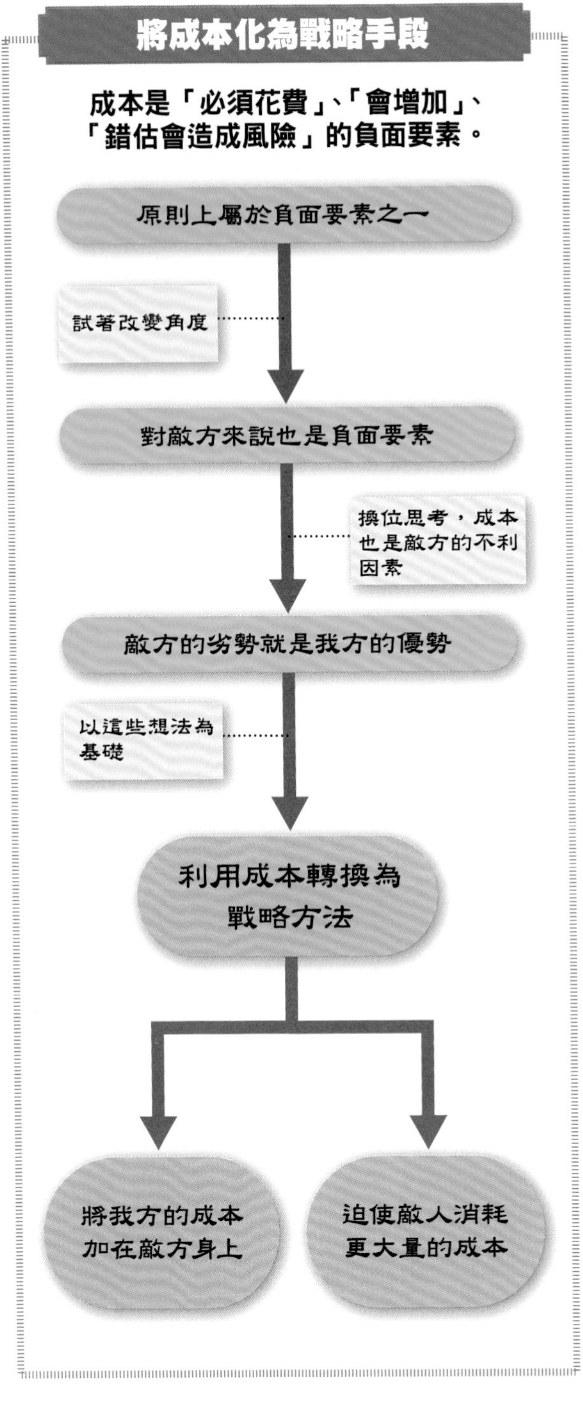

的危機之中。這個觀念正是將成本視為損耗敵方戰力的一種手段。

增加敵人的支出

在戰爭現場消耗掉的物資，像是糧食、消耗品、修理零件等，我方都要盡可能從敵人的據點掠奪。這麼一來會發生什麼的狀況呢？

孫子說過，當物資需求量增加時，商人會哄抬價格，造成通貨膨脹，這個現象在敵方據點也會發生。如果我方可從敵人據點獲取物資，不僅後方無須供給，還能避免國內通貨膨脹及物資短缺，相當於占有雙重優勢。

別忽視不利因素，而是思考該如何利用，這也是孫子的基本思想。絞盡腦汁，將危機化為轉機（⬇124頁）。

將成本化為戰略手段

成本是「必須花費」、「會增加」、「錯估會造成風險」的負面要素。

原則上屬於負面要素之一

試著改變角度

對敵方來說也是負面要素

換位思考，成本也是敵方的不利因素

敵方的劣勢就是我方的優勢

以這些想法為基礎

利用成本轉換為戰略方法

將我方的成本加在敵方身上

迫使敵人消耗更大量的成本

殺敵者，怒也；取敵之利者，貨也。故車戰，得車十乘以上，賞其先得者，而更其旌旗。車雜而乘之，卒善而養之。

文義

要使士兵拚死殺敵，就必須激發士兵的怒氣；要使士兵勇於掠奪敵方物資，就必須給予獎賞。所以，讓士兵競爭搶奪的戰車數量，最先奪取十輛車的，就將該戰車作為獎賞。將奪得的戰車換上我方的旗幟，編入我方車隊，命該士兵擔任乘車指揮官。並且善待俘虜，令他們歸順新任指揮官。

給予獎賞也能削減成本

即使領導人已經做好萬全的預算規劃，實際運用的人依然是現場成員，這些人如果缺乏成本意識，恐怕很難如實依照預算管理成本。

可是另一方面，若是過度在意成本而拼命節約，團隊的士氣也會受到打擊。如果因此導致戰爭時間延長，最終反而投入更多資金，這就與最初目的本末倒置了。

孫子建議的方法是將戰車賞給奪得該戰車的士兵，由於這些士兵順利達成減少經費、增加收入等成本對策，因此應給予部分利益作為回饋。這也是因為孫子明白士兵們如果沒得到任何利益，就不會關心成本對策。

運用「五事」和「七計」

為了提高隊員們參與成本對策的意願，領導人也要多下功夫，思考該如何製造隊員的動機。

首先是提高競爭意識。規定只有最早獲得成果的人才能得到回饋，激勵隊員間互別苗頭，刺激競爭慾望。

接著是將功績可視化。以孫子在書中的例子來說，在獎賞的戰車上豎立我方旗幟並編入軍隊，讓獲獎人實際感受到自己的功績獲得上級肯定，同時也能激發其他人搶奪戰車的動力。

最後是保證獎賞，增加期待感。如果無法保證能獲得獎賞，大家就不會有動力。關鍵在於給予獎賞的一方是否值得信賴，能否公正執行規矩，賞罰分明。這點與「五事」和「七計」（➡36～39頁）的作戰系統與情報確認息息相關。

省下成本，大方回饋

成功削減成本的人 → 通常是現場的成員

1 現場成員省下成本

2 將部分利益回饋給成員

3 現場士氣大振

4 繼續努力減少成本

先從 1 開始，製造動機。
執行方法如以下範例。

激發成員間的競爭心 ➡	只獎賞最迅速達成的員工
讓成員實際感受到獲利 ➡	回饋具體的獎賞
增加成員的期待感 ➡	平常就仔細評價工作成果

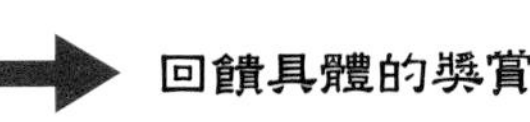

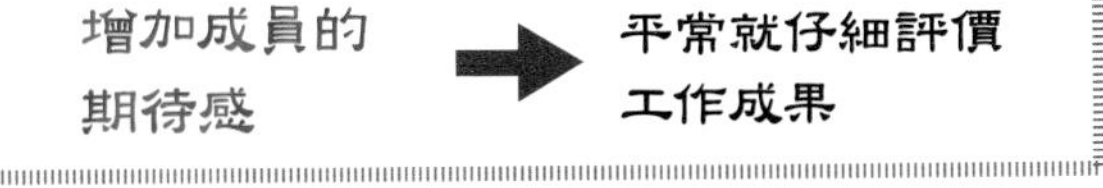

2 Column

孫子時代的戰爭

孫子活躍於春秋後期，這個時期的戰爭型態不同以往，出現了極大的變化。

以往的戰爭，會事先約定時間和地點，一切遵循禮儀行事。當時的主力為戰車，通常會並列數百輛戰車，藉此展現國力。乘坐在戰車上的都是有名分的戰士，他們在單挑等戰鬥時都會遵守貴族禮儀，當其中一方的軍隊敗退或指揮官遭到俘虜時就決定戰事勝敗，而且依規定，不得追擊戰敗的對手。

相較於此，到了孫子的時代，戰爭已經變得毫無禮數可言。此時重視步兵的機動力，不僅戰鬥時間拉長，軍隊編列的陣容也越來越龐大，若是仍然仰賴職業戰士作戰，將導致兵力薄弱，因此只能從民間廣泛徵兵。

《孫子兵法》以團體作戰為研究對象，正反映出戰爭型態的變化。總結來說，戰前的準備程度與軍隊的統率能力，逐漸成為新型態戰爭中的重要課題。

戰國時期，策劃戰術時會運用到戰車與步兵。

3章

謀攻篇　計畫的兵法

【決定方針，確保人才】

全國為上，破國次之；全伍為上，破伍次之。是故百戰百勝，非善之善者也；不戰而屈人之兵，善之善者也。

文義

無論攻伐對象是國家還是五人部隊，不傷害敵人而降伏對方是最善策，伴隨破壞的勝利是次善策。面對任何對手都行使武力，即便百戰百勝，也算不上是最高明的將領；不交戰就降服全體敵人，才是最高明的作戰之道。

「全」與「破」的作戰方針

作戰時，必須確立方針並依循方針行動，才能確保獲得與成本相符的利益。即使最終戰勝，若是敵人受傷，我方獲得的利益也會減少，因此必須先計算利益後再決定戰爭的方針。

文中的「全」代表為了獲得更多利益，盡可能不對敵人造成傷害的戰鬥方針；「破」則代表無視利益減少，堅持求勝，對敵人造成傷害的戰鬥方針。雖然考慮到利益的「全」較為理想，但也不能全盤否定「破」，畢竟在某些特殊情況下，也必須以取勝為優先考量。

在「全」的方針中，最理想的策略莫過於「不交戰而降伏對方」。簡單來說，就是不對敵人造成一絲傷害，而這種策略的主體便是運用計謀。

不戰而勝，確保利益

**戰爭有「全」和「破」兩大方針，
應致力於「不交戰而降伏敵人」＝全。**

1 選擇正確的方針

全
優先保全利益
不拘泥於實戰
▶最善策
基本原則

破
保全利益為次要
優先獲取實戰勝利
▶次善策
例外情況

2 不因利益大小而改變方針

聚焦未來利益

在此希望大家特別注意，縱使攻擊對象不同，作戰方針的順次仍然相同，「全」依然是最善策，「破」依然是次善策。

舉例來說，孫子認為，儘管戰勝五人小隊無法獲得多大的利益，也不要輕易採取「破」，而是跟攻打國家時一樣採取「全」。

別因為利益小，而輕率使用會傷害到敵人的戰法，這麼一來，有可能會錯失獲取更大利益的機會。講求「取勝最重要」的百戰百勝戰法，就是沒有考慮到戰勝後能獲得哪些利益。無法獲得利益的勝利，即等同於我方蒙受虧損。

謀攻篇 2

從不成氣候的對手開始

上兵伐謀，其次伐交，其次伐兵，其下攻城。攻城之法，為不得已。

文義

最理想的戰略是挫敗敵方的出兵計畫，其次是破壞敵方與同盟國的關係，再次是用武力擊敗敵軍，最下之策是攻打敵人的城池。攻城，是不得已而為之的策略。

利益大小由風險決定

制定戰鬥方針時，必須同時思考要攻擊敵方的何處。對此，孫子認為不應該從利益大小出發，而是就風險大小，來選擇攻擊位置。如果只憑利益大小決定攻擊對象，將直接面臨作戰困難、延長戰爭時間等大量風險。因為敵方在蒙受巨大損失的同時，也會更積極鞏固防守。

換言之，風險越大，就越難取得勝利，獲益的可能性亦隨之降低。鎖定利益越大的對象需要花費越多的作戰成本，從「能否確實取勝」的觀點出發思考，便能得出「可期待利益也會相對減少」的結論。

因此總結下來，攻打城池就絕非理想的戰術了。因為城池的守備最為堅固，需要負擔的風險極大，還得投入大量的成本，是逼不得已之際的最壞選擇。

不費成本的策略

以風險大小決定戰略時，最好的方法是趁敵人制定作戰計畫時，也就是尚在「謀」的階段，就將敵人一舉摧毀。這種作戰策略可以在流出假情報擾亂敵方等戰前準備（➡42頁）之後使用。

舉例來說，在敵方評估作戰預算的階段時，我方用計使其誤以為需要花費大量成本，即使取勝也得不到多大利益，便能夠削弱敵方的鬥志了。

另外，也可以挑撥敵人與同盟之間的關係，也就是破壞雙方的「交」。

不過，若以第三者的身分介入其中，不僅會提升作戰難度，還需要花費外交成本，因此孫子將這個方法評為次等策略。

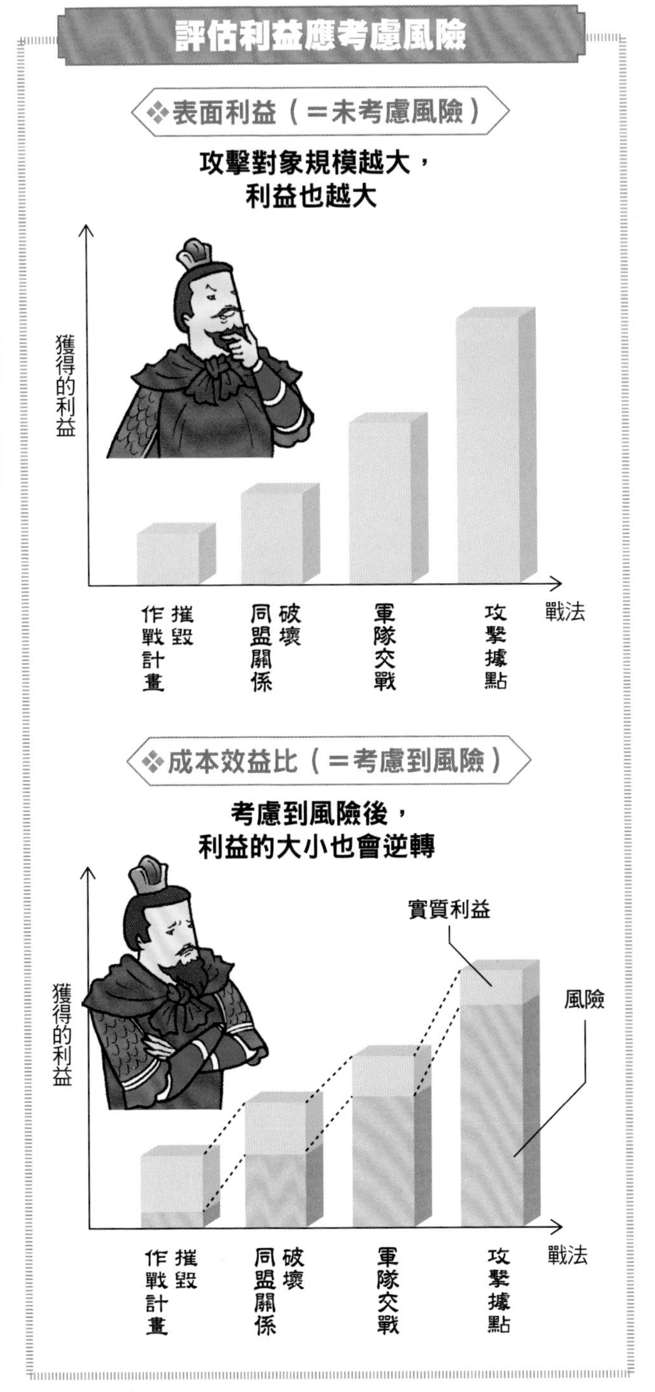

善用兵者，屈人之兵，而非戰也；拔人之城，而非攻也；毀人之國，而非久也。必以全爭於天下，故兵不頓，利可全，此謀攻之法也。

文義

善用兵的戰略家，不透過打仗就使敵人屈服，不透過攻城就占領敵城，摧毀敵國而不須長期作戰。以萬無一失之姿爭奪天下霸權，因此國內軍隊不會受挫，又能獲得全面的利益。

回收成本的恐怖循環

前面提過，為了得到較大的利益，必須確保給予敵人的損害控制在一定程度之內（⬇62頁）。同樣地，選擇能夠將我方傷害降到最低的手段也非常重要。逼不得已只能投身高風險作戰時，必須特別留意這點。

雖然前一節也說過「攻擊風險越低的對象越好」（⬇64頁），但實際投入戰爭後，難免也會面臨需要攻擊高風險對象的險況。這時候最大的問題是高風險戰鬥不但會消耗金錢與物資，還得花費額外的時間和精力，使得投入的成本大幅增長。

面臨這樣的局面時，許多人會擔心血本無歸，希望能夠回收成本，因此反而會採取更強硬的手段，試圖儘早得到結果。

利益相等，選擇損失較小的策略

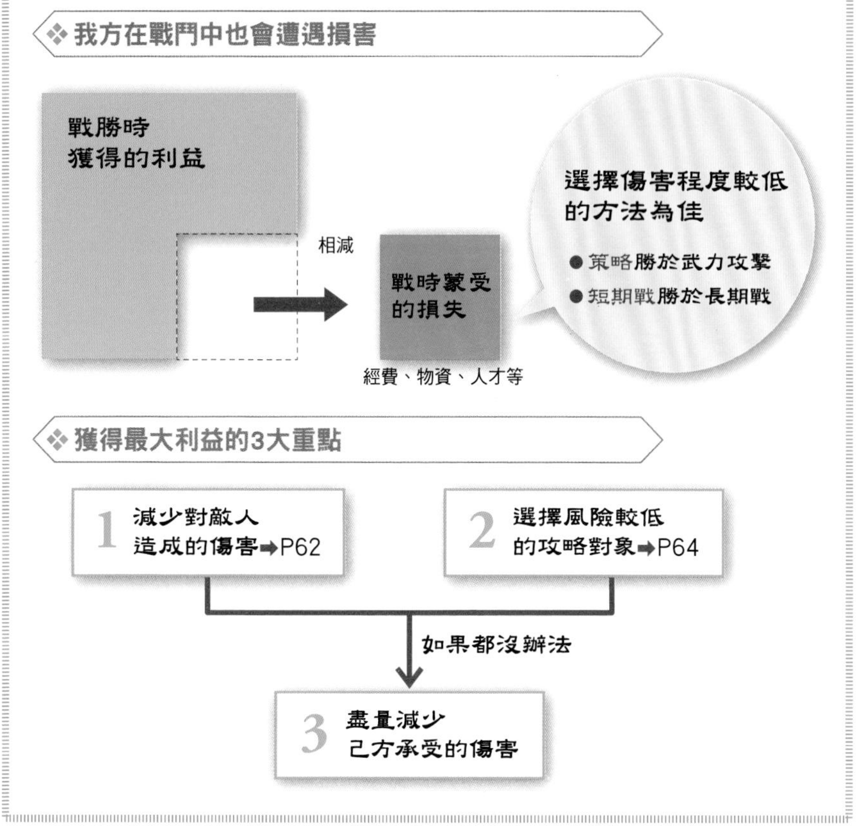

❖ 我方在戰鬥中也會遭遇損害

戰勝時獲得的利益

相減

戰時蒙受的損失

經費、物資、人才等

選擇傷害程度較低的方法為佳

- 策略勝於武力攻擊
- 短期戰勝於長期戰

❖ 獲得最大利益的3大重點

1 減少對敵人造成的傷害➡P62

2 選擇風險較低的攻略對象➡P64

如果都沒辦法

3 盡量減少己方承受的傷害

謹記最根本的原則

然而，如此一來我方將蒙受巨大的損害，即使最終順利取勝，收穫龐大利益，我方的損失也會倍數增長，兩者相減後，能夠獲得的實際利益反而是減少的。

為了避免這樣的結果，領導人必須隨時謹記在心，戰爭時絕對不能短視近利，而是要以獲得最終的豐碩戰果為目標。

「最終的成果，重於眼前的勝利」，只要貫徹這一條戰爭的基本原則，就能判斷出傷害最小、利益最大的作戰方針，選擇適切的手段，獲致良好的成果。

孫子認為這是制定作戰計畫時的最大原則及前提，因此肯定道：「此謀攻之法也。」

用兵之法，十則圍之，五則攻之，倍則分之，敵則能戰之，少則能守之，不若則能避之。

文義

我方的兵力多於敵軍十倍，就實施圍殲；多於敵軍五倍，就實施正面進攻；多於敵軍兩倍，就使其分散。兩方勢均力敵就拚死奮戰，兵力弱於敵人就立刻退兵，數量無法匹敵時，從一開始就應避免交戰。

專注於眼前的勝利

無論作戰方針、攻擊對象甚至戰鬥手段，都逼不得已只能採取最下策之際，領導人最終必須考慮的最大問題是如何確實獲得勝利。

面對這般綁手綁腳的戰況時，最優先的課題就不是戰爭的整體利益，而是眼前的勝利。只要取得勝利就能打破僵局，拓寬往後的局面，得以採取比原本更理想的方針和手段，甚至較敵方占上風。

孫子提出以量取勝的作戰策略，利用比敵軍多五～十倍的戰力一口氣壓制，提升獲勝的可能性。如果只有比敵軍多兩倍的戰力，則先分散敵人，拉大戰力差距後一口氣進攻。這個方法雖然會縮減利益，但保證能將勝利收入囊中。

以量取勝是能確實收穫戰果的穩定

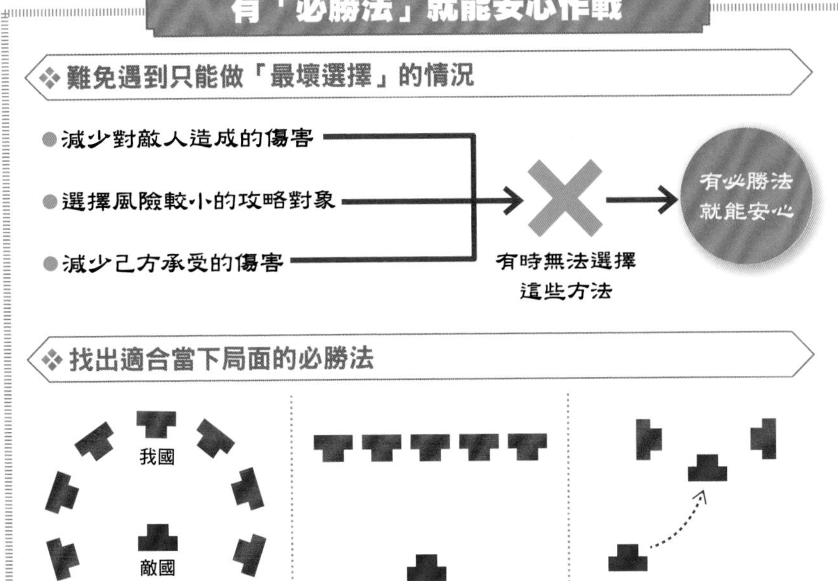

策略，若有其他能確保勝利的作戰計畫，也可以積極運用。

預留退路的必要性

那麼，若我方無法準備如此龐大的戰力時，該如何是好呢？

如果雙方勢均力敵，拚死奮戰或許有獲勝的機會，但若我方兵力少於敵軍，便無法保證能獲得勝利，還是趕緊退兵為佳。如果自軍兵力遠少於敵軍，毫無勝算，那麼從一開始就該避免交戰。擔心面子掛不住而魯莽挑戰大敵，只會擴大損害，導致戰況惡化罷了。

被迫選擇最下策，絲毫沒有取勝的手段時，領導人應毫不猶豫地中止作戰，等待時機到來。制定作戰計畫時，也必須預留轉圜的餘地。

謀攻篇 5

領導與執行，缺一不可

夫將者，國之輔也。輔周則國必強，輔隙則國必弱。

文義

將領並非單純的軍隊統率者，更是輔助國家的重要角色。君主與將領心有靈犀，則國家必然強大；雙方溝通不良，則國家必然衰弱。

將領是重要的情報源

制定作戰計畫時，領導人（君主）必須決定以下問題的方向。

①訂立作戰方針時，要定為重視利益的「全」，還是容忍我方些許損失的「破」？
②要從敵人的何處進攻？
③要採取武力對抗還是運用謀略？
④要規避風險，腳踏實地取得成果，還是不惜受傷也要儘早取得成果？
⑤要勇於取勝突破戰況僵局，還是中止戰鬥等待戰況變化？

要特別留意的是，實際征戰的還是熟悉戰場的執行人（將領）。領導人必須聽從執行人的情勢分析及判斷，才能在①～⑤的問題中選出適當的答案，制定出更有勝算的計畫。

領導與執行齊心協力

儘管實際執行計畫的人是身處現場的執行人，但領導人與執行人之間依然要保持密切的溝通。

這是因為開戰後可能需要隨時修正計畫，領導人必須重新決定前面①～⑤的方向。這個時候，若領導人與執行人之間暢通無阻，就能共享情報及判斷基準，提高決策的準確度。

領導人下決策時，執行人也要參與

在多數情況之下，領導人無法自行決定。

1 要訂立什麼方針行動？

或

2 要選擇哪個攻略對象？

摧毀作戰計畫	破壞同盟關係
直接兵戎相見	攻打主要據點

唔嗯~

3 要採取什麼手段？

交戰後取勝 或 不交戰使之屈服

❖ 現場執行人（將領）從旁協助

經驗　現場情報　專業知識

▼

輔佐領導人

▼

做出正確決斷

▼

勝算高

君之所以患於軍者三：不知軍之不可以進，而謂之進。不知三軍之事，而同三軍之政。不知三軍之權，而同三軍之任。

文義

國君對軍隊的危害有三種：第一種是沒有掌握局面，就下令軍隊進退；第二種是無視各隊的體制，同理三軍之政；第三種是不知軍隊職責及重要性，不懂權宜變化，每次給予同樣的任務。

指揮權的歸屬

當策畫和發動戰爭的人（領導人、君主），與執行人（將領）並非同一人時，雙方容易在開始執行計畫後爭奪指揮權。

應該優先採納決策者的想法、還是現場人員的判斷才好？這一直是個難解的問題。但是孫子舉出領導人介入現場會造成的弊害，主張戰爭開始之後，應以現場人員的判斷為優先。

愛出風頭的領導人

領導人造成的弊害有三，首先是干預作戰方針。不同於身處現場的執行人，領導人無法十足掌握戰況，像是軍隊進退等本應交由現場自行判斷的行動方針，若是由領導人下決策，誤判的可能性極大。

第二個弊害是試圖將所有軍隊統一支配。執行人應視現場軍隊的特性，分別採取適當的統率方式。相較之下，如果領導人貪圖「管理方便」，硬性套用同一套管理方式，現場成員反而會為了配合領導人而陷入混亂。

第三個弊害是每次都賦予同樣的任務。正確做法是視實際狀況調整現場的職務分配，改變任務的優先順序。如果領導人每次都以同樣的模式安排任務，現場人員可能會把時間耗費在不重要的項目上，真正重要的任務反而往後延遲。

從結果來看，第二點與第三點都會妨礙到現場的靈活度，致使執行人員無法隨機應變，適時採取因應措施。考慮到這些弊害，領導人應避免干預現場指揮。

領導人禁止做的三件事

干預作業方針

問題點

沒有完全掌握現場狀況

▼

結果

判斷錯誤

統一支配

問題點

無視現場的特性

▼

結果

作業人員無法配合導致現場混亂

平等看待所有作業

問題點

沒有考慮到各項作業的重要性

▼

結果

無從得知作業的優先順序

知可以戰與不可以戰者勝，
識眾寡之用者勝，
上下同欲者勝，
以虞待不虞者勝，
將能而君不御者勝。

文義

能準確判斷仗能打或不能打者，勝；根據敵我雙方兵力多寡採取對策者，勝；上至君主、下至步兵都同心協力者，勝；以充足策略來對付毫無準備之敵者，勝；將領有能力，君主又不加干預者，勝。

勝利的先決條件即執行人

接續前一單元所述，由於制定作戰計畫的領導人（君主）並不參與實際戰鬥（⬇72頁），因此，戰鬥現場的指揮重責便落到了執行人（將領）的身上，而執行人的資質，也將成為決定勝負的重要關鍵。

那麼，執行人有哪幾項能力會攸關勝敗呢？孫子在書中舉出五個在戰爭中取得勝利的條件，這些條件全是優秀執行人應具備的資質。

①狀況分析力

能夠精準掌握展開行動及按兵不動的時機。

②運用力

無論部隊的規模大還是小、人數或多或寡，都能夠指揮無礙，自由運用，並且在任何不利條件下，都能將戰力發揮到極限。

③統率力

使現場人員團結一心，朝著同一個目標奮鬥。

④企劃力

不單純依賴武力，還懂得運用策略取勝。

⑤判斷力

不會被動等待領導人的判斷，並且在領導人不干預的情況下相信自己的判斷。

從團隊制定到獨自判斷

在前面的章節中，孫子已經提過上述幾項條件的重要性。然而，在這些條件之中，執行人身處戰場時真正需要的其實是判斷力。

即使在開戰前，領導人、組織或團隊已經共同決定好方針，然而統率現場的執行人也必須擁有獨自判斷、自行決策的能力。

現場統率者應具備的資質

1 狀況分析力

要展開行動嗎？／要按兵不動嗎？ → 能做出正確的判斷

2 組織的運用能力

運用大團隊／運用小團體 → 兩種都擅長

3 統率能力

組織的上層／一般成員 → 朝向同一個目標

4 企劃、計畫能力

行使武力的計畫／運用策略的計畫 → 兩種都擅長

5 判斷力

領導人的命令／自己的判斷 → 選擇正確的方向

掌握敵情，也不可忽視內情

知彼知己，百戰不殆；不知彼而知己，一勝一負；不知彼，不知己，每戰必殆。

文義

確保探查敵情的手段，同時掌握我軍內情的管道，每次戰鬥都不會陷入危機。若不知道敵情，勝負的機率各半；若既不瞭解敵情，也不瞭解內情，則每戰必敗。

情報網不分敵我

將作戰計畫付諸實行時，過程中有兩個重要的關鍵，一是領導人的正確抉擇與精準判斷（⬇70頁），二是現場執行人的實務能力（⬇74頁）。不過，這兩個關鍵的前提，都是必須擁有正確的情報，才能夠湊齊所有的條件，做出精準的判斷。

「始計篇」描述了準備階段「有效利用情報的重要性」（⬇44頁）。而到了接近開戰的階段後，最好開始留意「確保情報來源的手段」，重點是無論針對敵方還是我方，都必須建立起情報網。

風險較小的敗仗

一旦戰爭開打，現場人員必須隨機應變，即時因應情勢變化做出判斷。

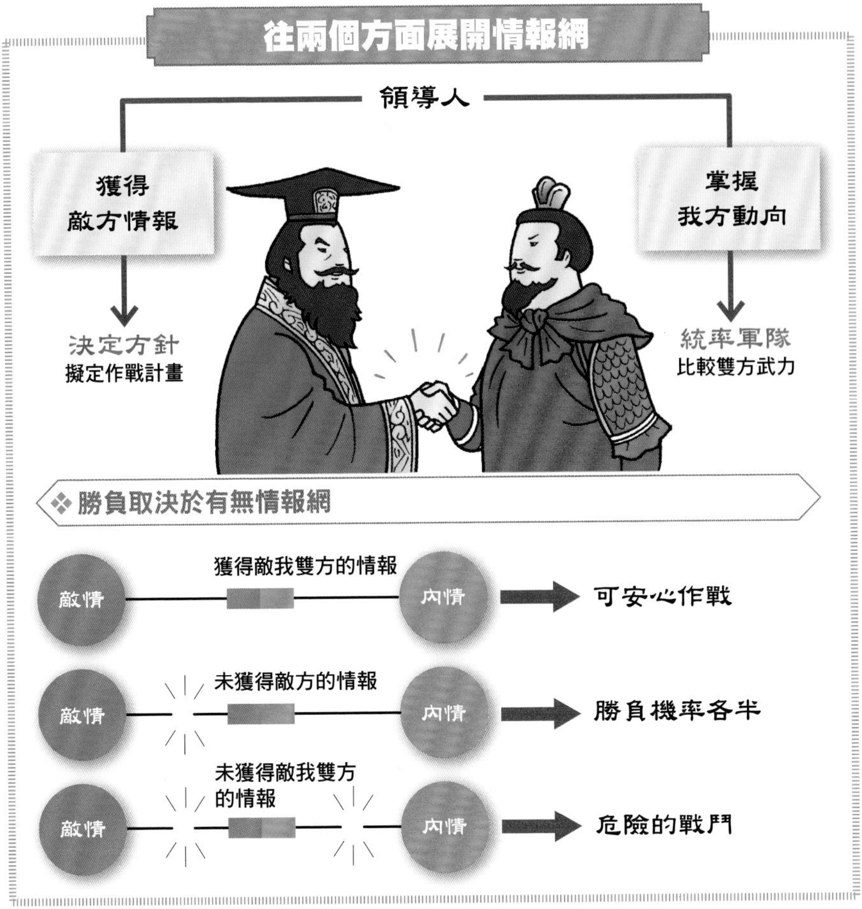

往兩個方面展開情報網

領導人

獲得敵方情報 → 決定方針 擬定作戰計畫

掌握我方動向 → 統率軍隊 比較雙方武力

❖ 勝負取決於有無情報網

敵情 — 獲得敵我雙方的情報 — 內情 → 可安心作戰

敵情 — 未獲得敵方的情報 — 內情 → 勝負機率各半

敵情 — 未獲得敵我雙方的情報 — 內情 → 危險的戰鬥

此時只要敵我其中一方的情報斷線，就難以預測情勢變化，做出正確對策的可能性也就隨之降低。如果現場人員無法迅速行動，局勢也會變得岌岌可危。

而從情報的角度來看，由於領導人容易獲得統率當局的情報、執行人容易獲得戰鬥現場的情報，因此雙方必須將手中的情報統合，才能組合出正確的情報。

順帶一提，孫子所說的「知彼知己，百戰不殆」，並不代表「掌握敵我雙方的情報，就能百戰百勝」。依照戰爭情勢不同，也可能會毫無勝算可言。不過，只要手中握有正確的情報，就能改變作戰方針，轉而運用交涉或謀略等手段，打一場損失較小的敗仗。

3 Column

作戰行動的下下策

孫子之所以將攻城視為最下策，主要是因為相當耗費時間，無論是製作破壞城門的武器，還是穩固城內的防守建設，都需要花大約3個月的準備時間。

下圖是孫子認為攻城時必要的武器。準備這些武器不僅要花費大量的時間和金錢，倘若坐鎮現場的將領沉不住氣，還沒準備萬全就展開攻擊的話，恐怕不但攻不下敵人的城池，還會損失三分之一的兵力。這些風險都是孫子將攻城視為最下策的原因。

4章

軍形篇 不敗的兵法

【鞏固得勝的基礎】

軍形篇 1 絕對不會輸，有可能嗎？

不可勝在己，可勝在敵。故善戰者，能為不可勝，不能使敵必可勝。故曰：勝可知，而不可為。

文義

贏不了敵人，代表我方形勢不佳；贏得了敵人，代表敵方形勢不佳。善於作戰者，能為我方做好不被敵人戰勝的萬全準備，卻不能保證我方必定戰勝敵人。所以說，勝利可以預見，卻不能強求。

決定勝負的關鍵

戰爭有勝有敗，但勝敗是如何決定的呢？

孫子有言：「無法戰勝敵人，代表我方的形勢不萬全；戰勝敵人，代表敵方的形勢出現漏洞（不可勝在己，可勝在敵）。」這段話即包含了《孫子兵法》中的兩大重點。

第一個重點是勝負取決於「形勢」的優劣；第二個重點，是分出勝負的原因並非勝者占據勝因，而是敗者存在敗因。

總結而論，孫子認為戰爭勝負與哪一方具備勝因無關，而是在於有無敗因——這同時也是貫穿整部《孫子兵法》的基本理念。因此之後的戰略，也幾乎都是以「破壞敵人的形勢，創造出敗因」為核心而展開。

勝負關鍵並非「勝因」而是「敗因」

兩種「勝利」方式

1 我方有勝因，因此取得勝利

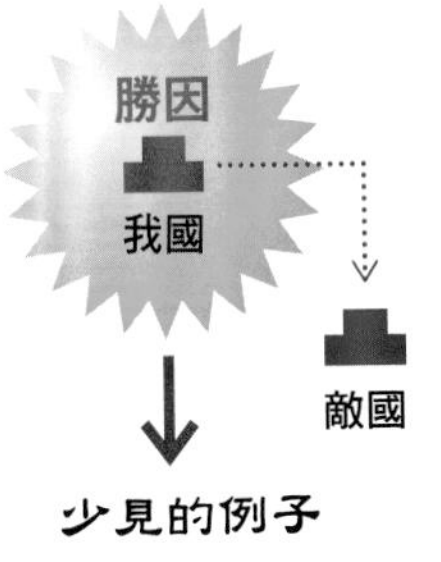

少見的例子

2 敵方有敗因，因此取得勝利

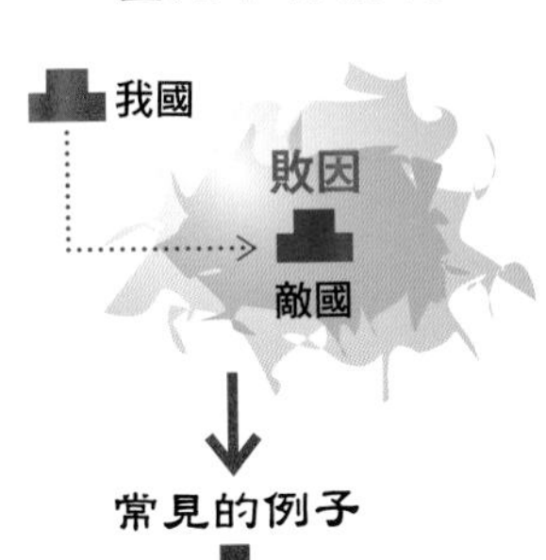

常見的例子

比起追求勝因，檢視敗因更有機會勝利

先剷除我方的敗因

很難從外部製造敗因

很難把敗因帶進敵國

通往勝利的第一步是建立沒有「敗因」的形勢

各式各樣的敗因
訓練不足
失去民心
指揮混亂
錯失時機

不會輸，就能取勝

既然勝負取決於敗因，那麼在戰爭一觸即發之前，最重要的就是要剷除我方的敗因因素，也就是要創造出不會輸的形勢。

之所以追求「不會輸的形勢」，而非「能取勝的形勢」，正是因為孫子認為戰爭的本質是「比賽敵方和我方哪一邊先產生敗因」，也就是比誰忍得久。

想要取得勝利，就必須從外側破壞敵人的形勢，但就算是優秀的戰略家也很難辦到這點。因此總結來看，堅持不敗下陣，等待敵人的形勢從內部瓦解，便是最簡單、又最能確實取勝的方法。

不可勝者，守也；可勝者，攻也。守則有餘，攻則不足。

文義

敵人無可乘之機時，為了避免戰敗，以防守等待時機；敵人有可乘之機，有望取得勝利時，則主動出擊。採取防守策略時，戰力充足；採取攻擊策略時，戰力不足。

切換攻守策略

當戰爭陷入僵局時，兩軍就如同正較勁耐力，比賽誰先出現敗因。如果我方在耐力賽中落於下風，給予對方可趁之機，勝利也就會落入敵人手中——為了贏得勝利，無論如何都不能陷入這種情勢。

為此，除了要創造出「不會輸的形勢」以外，還必須想辦法長時間維持這樣的萬全狀態，也就是進入「守」的態勢。

孫子認為戰鬥時採取防守方針，目的不單純只是「鎮守據點」，而是要「守住不讓敵人獲致勝利（我軍不會落敗）的形勢」。

而當我方採取守勢時，如果敵方的形勢出現一絲破綻，這也就意味著耐力賽宣告結束，我方必須趁機展開攻擊，也就是轉「守」為「攻」。

換句話說，「守」是按兵不動，「攻」是一口氣摧毀敵人。只要懂得巧妙切換「守」與「攻」兩種策略，就能有效擾亂敵方的形勢，使敵方自亂陣腳，出現破綻，我方便能利用此契機大獲全勝。

攻和守，何者比較有利？

「防守」時應該做的事

- 剷除自己的敗因
- 等待敵人露出破綻

→ 在敵人產生敗因後，一口氣進攻

以防守為優先

「守」與「攻」兩種策略不同，也都各有其特色。

故意按兵不動的「守」，能夠使我方保留戰力，但始終欠缺收穫成果的關鍵戰力；積極展開行動的「攻」，能確實得到成果，但卻會消耗掉巨大的戰力。

抉擇的重點不在於「守」或「攻」那一種形勢占上風，而是要洞悉敵方的形勢，尋找攻守的平衡點。

不過，一般應該優先執行「守」。主要目的是保持戰力充裕，這點對我方會相對有利。不僅如此，在敵人出現敗因的瞬間進攻才是致勝的祕訣，若想以萬全應變敵方自亂陣腳，絕對需要做好防守工作。

軍形篇 3

攻守之間的愚敵技巧

善守者，藏於九地之下；善攻者，動於九天之上，故能自保而全勝也。

文義

優秀的防守，就像將自己的兵力隱藏在深不可測的地下，讓敵人完全摸不透；優秀的進攻，就像從天上俯瞰，對敵人的動向瞭若指掌。如此一來，才能保全自己而獲得全勝。

攻守切換的條件

想在「守」和「攻」兩種狀態間巧妙切換自如，必須符合兩個條件：隱匿和分析。

在「守」的策略之下，為了不讓敵人發現，必須徹底隱匿自軍的行動。能維持滴水不漏、萬無一失的狀態固然最理想，但難免還是會出現漏洞。這時只要能夠完美隱藏我方的形勢，就不怕被敵人趁虛而入。

而為了算準切換到「攻」的時機，就必須徹底分析敵人的動向，掌握當下所處的形勢。一旦發現敵方形勢混亂，就立刻發動總攻擊。

懂得完全隱藏自軍的動向，以及徹底掌握敵方動向的人，才有辦法在戰場上自由切換「守」與「攻」的戰略，靈活應對。

隱藏我方的戰力

除此之外，採取「守」或是「攻」時，戰力的充裕程度也會出現相應的變化（⬇83頁）。也就是說，敵方只要察覺到我方的形勢，其實就相當於明白我方戰力的多寡。為了避免情報暴露，隱藏我軍的動向絕對是非常重要的環節。

或許會有人質疑，「守」勢必會拉長戰爭的時間，這一點似乎與「作戰篇」的主張互相矛盾。但實際上，「防守」的戰力消耗較少，再加上進入「攻擊」後能一口氣結束戰爭，因此無論是自軍承受的傷害、或是敵人受到的傷害都很少，取勝後能夠獲得的利益也會大增。

隱藏自己，看透敵人

情報是 —— 防守後的不敗基礎
情報是 —— 收集後的取勝關鍵

❖對自軍＝保護情報

藏於九地之下
＝
徹底隱藏起來
＝
基本的防守狀態

❖對敵人＝掌握情報

善戰者，立於不敗之地，而不失敵之敗也。是故勝兵先勝而後求戰，敗兵先戰而後求勝。

文義

善於打戰的人，不但使我方始終處於不敗的境地，也不會放過任何可以擊敗敵人的機會。打勝仗的軍隊總是在備齊了攻守必勝的條件之後才交戰，而打敗仗的部隊總是先交戰，再企圖僥倖取勝。

等待有勝算的戰況

孫子認為，聰明的戰略家透過戰前模擬（➡46頁），得知作戰「有勝算」後，在實際的戰鬥中必定能取勝，絕對不會出現敗北的誤算。

但是，就算戰前模擬的基礎「計」（➡38頁）正確無誤，一旦戰爭開打後，局勢無時無刻都在改變，為什麼這樣還不會造成誤算呢？這是因為作戰是先鎖定有勝算的戰況後，才展開行動。

也就是等到敵方的形勢混亂，必輸無疑之際才與之交戰。並不是聰明的戰略家不會失算，而是他們懂得將勝算提高到最大限度，將誤算的機率降到最低後，才放手一搏，投身戰局，所以一定會勝利。

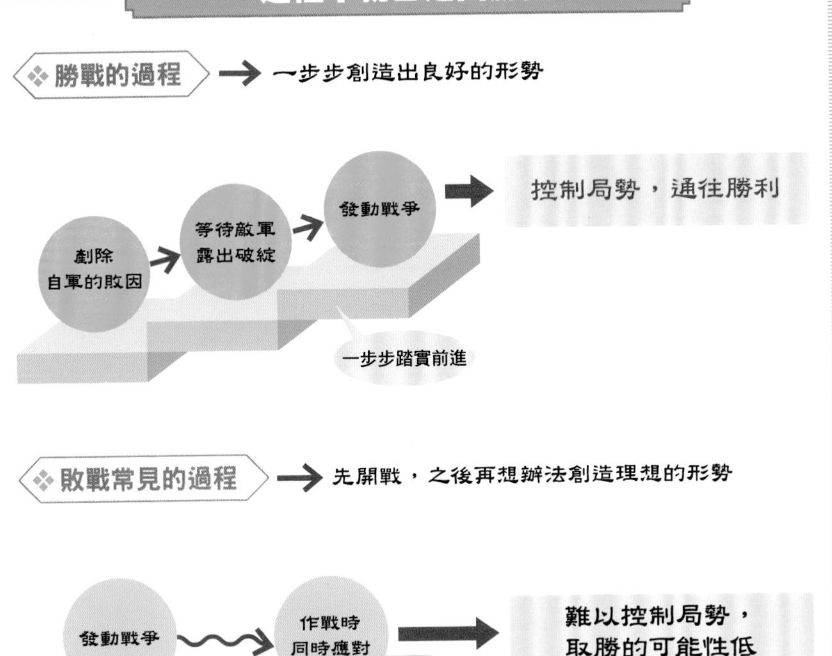

追求平凡的勝利

相較於此，敗戰的原因則多半為開戰之後，才想辦法創造出有勝算的戰況。這時候我方不一定能順利擾亂敵方的形勢，勢必將變成以消耗戰為中心，無法避免自軍一再耗損，假若敵人趁虛攻擊，這場戰就必輸無疑了。

因此孫子認為，最高明的作戰方法是「奇勝」，而非試圖反轉危險戰況的不可靠戰術。也就是說，領導人必須追求確實性，在條件周全的狀況下戰鬥。這樣得來的勝利儘管平凡，卻能讓同伴們產生「贏了是理所當然」的意識，從根本意義上來說，才是最高明的戰鬥方法。

軍形篇 5

微小數據中的勝利之光

地生度，度生量，量生數，數生稱，稱生勝。故勝兵若以鎰稱銖，敗兵若以銖稱鎰。

文義

敵國土地的大小可用尺規測量面積，就能明白敵方的兵糧及餵養馬匹的飼料量；明白這些資源量後，就能算出敵軍可投入的士兵和軍馬數量；算出兵馬數量後，就能比較雙方戰力強弱，得出勝負的概率。因此懂得解讀數據，便能夠創造出戰力差距極大的優勢，獲得勝利；不懂得解讀數據，可能會用少數兵力對抗敵方的大軍，最後戰敗。

藏在數據中的情報

除了敵方的情勢之外，如果事先連戰力多寡等情報也收集齊全，就能夠掌握正確的戰況，增加我方的勝算。

不過有關情報收集這一點，其實關鍵不在於情報量，而在於獲得某項數據後，能不能從中解讀其他的訊息。從看似不起眼的數據中，找出隱藏在背後的情報。

舉例來說，當我們取得敵方的生產力數據，便能夠推算對方花費多少戰爭資金，進一步估算其投入戰力。這裡所謂的生產力數據，就孫子的時代而言不外乎耕地面積，不過放到現代商業活動來看，就相當於預算等常見的資訊。

掌握敵方的大致戰力後，便能計算出敵我雙方的戰力差距，將「勝算」化為具體的數值。

創造優勢局面

計算出勝算之後，便能就數據的角度，選擇對我方最有利的作戰方針。鎖定敵方混亂時展開攻擊，再加上資料面的情報優勢，便能夠壓倒性地制伏敵人。

換句話說，若是不懂得分析和解讀數據，恐怕便會疏忽掉我方致勝的條件。如此一來，縱使在敵方情勢混亂時趁機發動攻擊，也極有可能會遭到頑強的反擊，反而得不償失。

因此，首要之務是掌握我方占壓倒性優勢的條件，鎖定適當時機，一口氣推進攻勢，把敵方打得無法招架。為了讓我方搶先取得有利局勢，一定要徹底活用到手的數據。

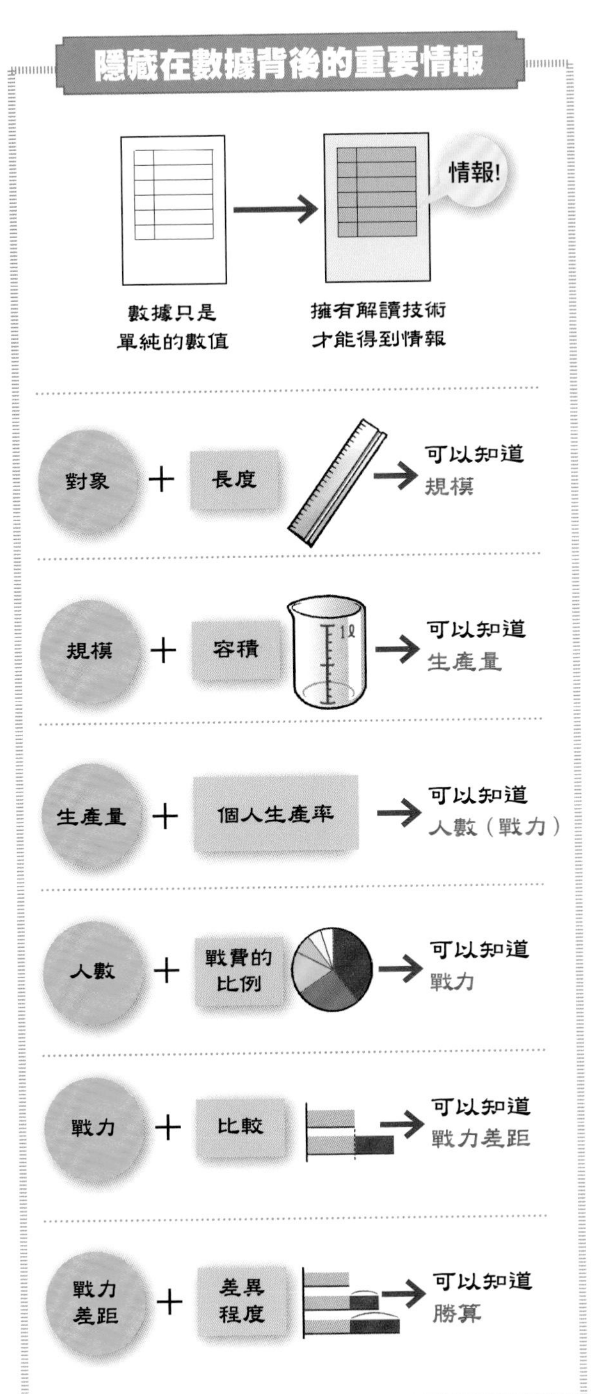

4 Column

中國古代的度量衡

前一個單元的引文中，提到了「鎰」和「銖」兩個單位，這兩個單位都是中國古代計算重量的單位。

1鎰為24兩，1兩為24銖，同理可知1鎰等於576銖。因此回過頭來看第88頁原文，字面解釋便是「只要懂得活用數據資料，就能獲得多達576倍的戰力」的意思。

在古代中國，每個地域使用的測量單位不盡相同。不過，就像現今生活通用的尺寸等單位能換算成公尺一樣，古代的度量衡也能互相換算。舉例來說，秦國的重量單位1鈞，在其他使用布幣的地方等於20鎰，在刀幣流通的地方則相當於72環。

這裡的換算數值之所以是24、72等從十進位看來不上不下的數字，是因為這些數字的因數比較多，而且都經過調整，除後不會產生餘數。

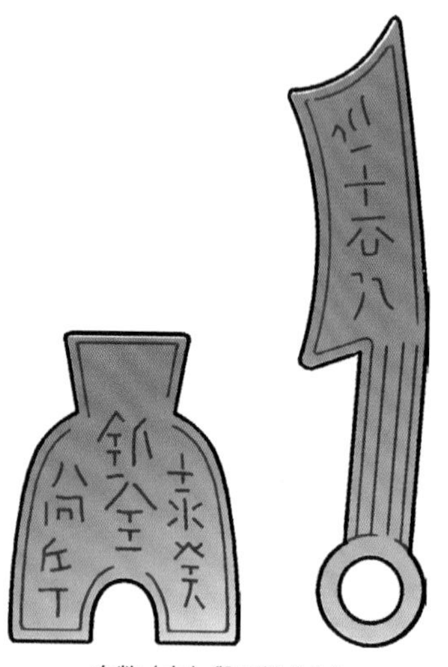

布幣（左）與刀幣（右）

5章

兵勢篇 統率的兵法

【調動團隊的技術】

凡治眾如治寡，分數是也；
鬥眾如鬥寡，形名是也。
三軍之眾，可使必受敵而無敗者，
奇正是也；
兵之所加，如以碫投卵者，
虛實是也。

文義

想像治理小軍隊一樣有效治理大軍團，必須仰賴編制的技術；想使大軍團與小軍隊一樣保持隨機應變，必須倚仗指揮的技術。想在敵襲時保住全軍不敗，必須靠戰術混亂敵軍，指揮某部隊正面進攻，某部隊出奇不意地行動；想取得壓倒性的勝利，必須靠謀略發掘敵方不備之處。

現場領導人的第一要務

將領指揮戰場最前線的軍隊時，應該依現場狀況靈活變換攻守策略，不斷由「守」轉「攻」，或是由「攻」轉「守」（⬇82頁）。在正確時機指揮現場切換攻守，正是將領（戰場上的領導人）的責任。

因此領導人若想在第一線取得勝利，必須達成以下四大課題。

第一個課題，領導人將自軍集結在自己麾下。第二個課題，領導人發出指令後，團隊能迅速且正確地回應。第三個課題，保持「守」勢時，絕對不能給敵人可趁之機。最後的課題，當我方轉為「攻」勢時，一定要確實壓制住敵人。

為了達成這四大課題，孫子分別針對課題提出戰術，依序為「分數」、「形名」、「奇正」及「虛實」。

戰力不如人，也能藉統率力彌補

四大統率技術

分數 分配下屬不同的職責

形名 用容易理解的信號傳達命令

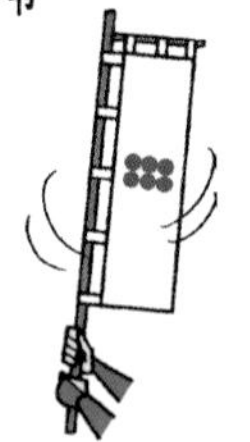

徹底執行防禦時的基本戰略（➡P94）

敵國　我國

正面攻擊，引誘敵人

發動突襲，擾亂敵人

徹底執行進攻時的基本戰略（➡P106）

讓敵人露出破綻

再趁隙攻擊

全權掌控現場

「分數」是把軍團分成小部隊，分別賦予不同的職責，並且督促各部隊完成自己的任務，達成整個軍團的最終目的。

「形名」是使用能清楚傳達指令的信號，有效控制部隊的動作，使部隊依照自己的指令行動。當然，前提是隊員們必須熟悉信號的含義，才能遵循領導人的指令完成複雜的行動。

運用「形名」調兵遣將的戰術，可分為「奇正」與「虛實」。「奇正」在接下來的94頁會詳細介紹，「虛實」則在第六章「虛實篇」（➡106頁）中有進一步的說明。

兵勢篇 2

打亂敵方的進攻步調

凡戰者，以正合，以奇勝。戰勢不過奇正，奇正之變，不可勝窮也。奇正相生，如循環之無端。

文義

敵軍攻打過來時，先配合敵軍預想的發展正面應戰，再出奇制勝。雖然只有預料之內的「正」和出乎意料的「奇」兩個基本動作，卻可組合出無窮的作戰方式。先配合敵方的想法活動，使之鬆懈後再發動突襲混亂敵陣，奇正的轉換就好比圓的循環，無始無終。

出奇不意，創造先機

當我軍維持「守」勢時，若過程中遭到敵人攻擊，此時便可以採取「奇正」的戰術。

具體來說，發現敵人進攻時，先假裝配合，正面迎擊，慢慢調動我軍的行動節奏，等待敵方與我方同步。這就是所謂的「正」。

等到敵方跟上我方的步調後，立刻出動埋伏的別動隊，以出奇不易的戰術，一口氣破壞已然定型的情勢。這就是所謂的「奇」。

一旦習以為常的步調遭到破壞，敵軍會短暫陷入慌亂，此時我方再趁機奪回戰場的主導權，一決勝負。

即使局面尚未進展到最終的決勝階段，但只要巧妙切換「正」和「奇」兩種戰術，使我方的行動在敵方看來高深莫測，便能夠愚弄敵人，擾亂其

引導敵方步調，邁向勝利

1 正 敵軍進攻就後退，敵軍後退就進攻，重複動作

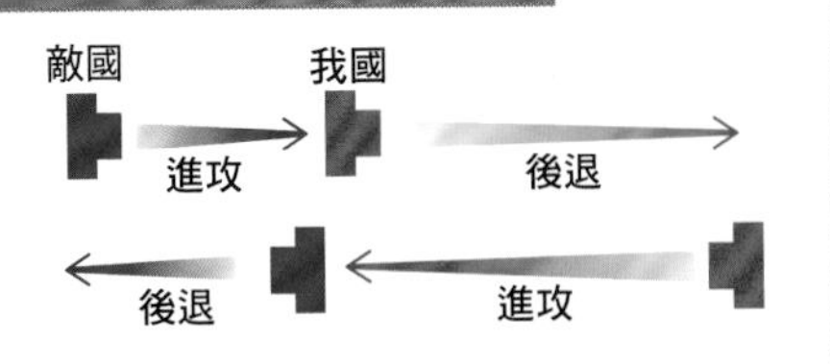

2 正 雙方進退模式逐漸定型

3 奇 派出別動隊突襲，破壞定型的步調

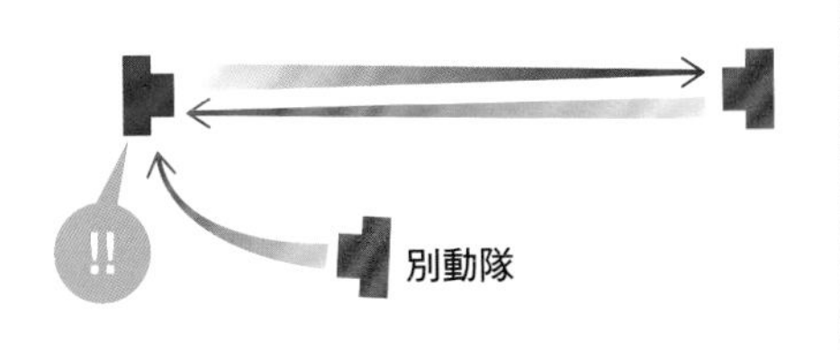

4 正 奇 趁敵軍形勢混亂，一舉進攻

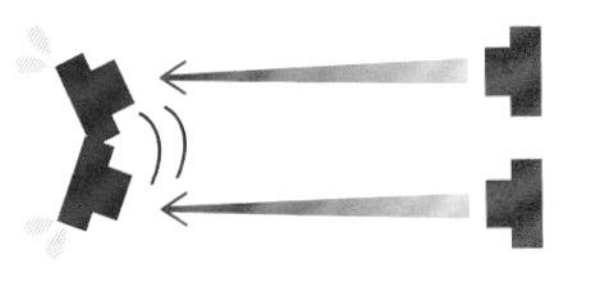

統率系統，創造出反撲的大好機會。

即興轉換戰術

這種誘導戰略的致勝關鍵，在於在「正」的固定步調中加入「奇」的變化步調，讓敵人措手不及。不過為了避免戰術遭敵方識破，以及遭識破後迅速制定因應對策，領導人必須採用大量形式各異的「奇正」戰術。

「正」和「奇」的動作單獨看來似乎相當單純，然而積極切換各色奇正戰術，才是此戰略的旨趣所在。但無論如何，還是得先確實執行「分數」和「形名」（⬇92頁），將組織統率得有條有理，才有辦法順利切換奇正兩種戰術。

兵勢篇 3

一鼓作氣投入兵力

激水之疾，至於漂石者，勢也；鷙鳥之擊，至於毀折者，節也。故善戰者，其勢險，其節短。勢如彍弩，節如發機。

文義

累積足以推動大石的氣力，正是取得勝利的勢能；擁有瞬間殺死獵物的爆發力，正是決定勝利的瞬間。取得勝利力量的過程越險峻越好，決勝的關鍵瞬間越短促越好。積蓄力量就像拉弩，將力量集中在一處，爆發的瞬間一口氣解放全部力量。

憑士氣營造必勝局面

從「守」的態勢一口氣轉成「攻」的態勢攻擊敵人，以及維持「守」的態勢，派出藏在「正」部隊背後的「奇」部隊發動突襲，這兩種策略獲得成功的關鍵要素都是「勢」。

引文中所謂的「勢」，代表組織氣勢旺盛的狀態。進入此狀態時，組織會產生比全體個人能力相加後更加巨大的力量，而這股力量將成為吸引勝利的引力。

因此若想要一口氣改變膠著的戰況時，必須要有「勢」相助。如果能夠在切換戰術的瞬間，巧妙點燃全體隊員的氣勢，就能產生強大的破壞力，一鼓作氣改變戰況。

控制我方的「勢」，抓準最佳的釋放時間點，發揮出最強大的效果，這也是領導人的責任。

無窮無盡的神奇力量

我們可以將孫子所說的「勢」，理解為人類心理上的「氣勢」。孫子用弩（古代的機關弓）來類比，「勢」的運用就如同物理學的「力」，在越短的時間內集中和釋放，「勢」便能發揮出越強大的威力。

當我們使用弩射出箭矢時，是在拉緊弦的狀態下蓄力，並在鬆開的瞬間一口氣釋放所有的力量，因此威力驚人。但如果一開始沒有用力拉緊弦，就無法累積足夠的力量；而如果鬆弦的速度太慢，好不容易積蓄的力量也無法傳到箭矢上。順帶一提，弩的缺點是無法連射，這一點也和「勢」如出一轍，一旦士氣潰散，就很難在短時間提振「勢」來轉變局面了。

積蓄力量，一口氣爆發

「勢」是發揮集團的力量符合運動法則。

累積力量的時間和釋放的時間越長，則威力越小

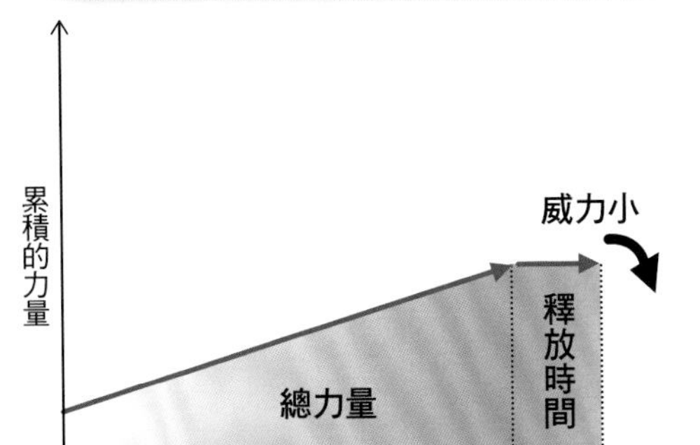

累積力量的時間和釋放的時間越短，則威力越大

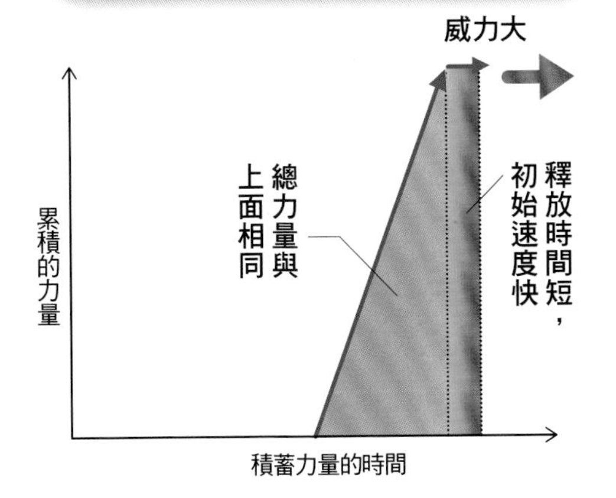

即使力的累積量（總量）相同威力也會隨釋放時間改變

亂生於治，怯生於勇，弱生於強。治亂，數也；勇怯，勢也；強弱，形也。

文義

治理得有條有理的軍隊，也有混亂失序的時候；驍勇善戰的士兵，也會感到恐懼；強大的戰力，也會出現破綻。軍隊治理得有序或混亂，關鍵在於組織編制；士兵勇敢或膽怯，在於將領營造出的氣勢；戰力持續強盛或衰弱，在於本身的形勢。

士氣難以長期鞏固

接到指令後能立即做出正確反應的部隊，再加上個個氣勢旺盛的隊員，如果能率領這樣的作戰部隊，相信無論面對多麼艱難的戰況，都能準確無誤地執行戰術。

但是實際上，想要將作戰現場帶往理想情勢並不容易；即使順利達成，也難以持久。因此為了創造出有利的局面，並且長期維持我方優勢，領導人必須積極指導隊員，共同守住己方獲得的優勢。

從這一點來看，領導人的統率能力並非只用在重要的戰鬥場面，而是平常就應該積極發揮，帶領軍隊長久保持絕佳狀態，這樣才有意義。

遵守基本規則

為了達成前述的目的，領導人必須隨時確認統率的三大基本要點。

第一，確認「數」，重新審視部隊的編列及責任分配是否恰當。只要部隊各適其所，各司其職，就能避免組織混亂。

第二，確認「勢」，積極發揮團體力量，讓隊員親身感受到自己「擁有出乎意料的潛能」。如果隊員心裡充滿正向能量，在行動面也會更積極，也能團隊營造向心力。

第三，確認「形」，不讓成員看到攻守策略的錯誤判斷。如此一來，便能有效率地運用戰力，持續發揮原有的力量。

從平常就積極確認「數」、「勢」、「形」這三個重點。

數 治理組織 → **組織的編列與責任分配**

編列是否適當？
是否確實完成
自己的責任？

勢 提高組織的士氣 → **集團產生的力量**

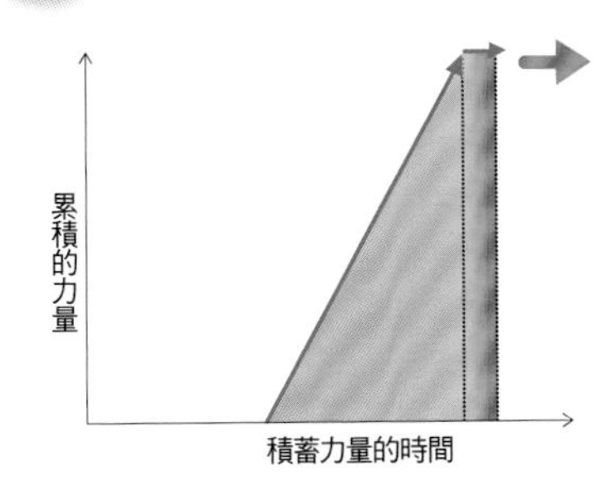

是否隨時都能
提振氣勢
（➡P97）

形 決定攻守的方針 → **判斷切換攻守的時機**

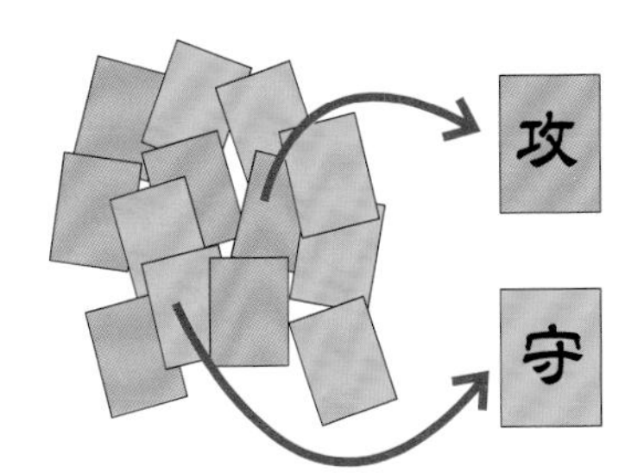

是否能依照當下狀況，
更換攻擊
或防守的戰略

故善動敵者，形之，敵必從之；予之，敵必取之。以利動之，以卒待之。

文義

善於誘導敵人的將領，會故意向敵軍展示我軍正處於攻或守的情勢，敵軍必會依此決定行動方針；向敵軍拋出誘餌，敵軍必會前來奪取。用利益誘惑，將敵軍引到目標場所，再流出假情報，等待敵人採取錯誤的作戰方式。

用假動作誘導敵人

前面提到，將「勢」積蓄的力量一口氣釋放，會產生超乎意料的強大破壞力（➡96頁）。然而，想配合「勢」的時機瞬間切換攻守時機，絕對不是一件容易的事。

不如試著反向思考，既然「勢」的時機很難配合實際戰況，那就改用戰況配合「勢」的時機就好啦！

具體來說，只要能引出敵人，趁自軍氣勢達到鼎盛的時候與敵交戰，就沒問題了。

其中一個作戰方法，就是充分利用自軍的「形」和「狀態」。當敵人發現我方的「防守」固若金湯，便會判斷有無風險，決定不發動攻擊；當敵人目睹我方處於「攻擊」，便會出兵迎擊應戰。

利用上述的思維模式，調動本隊與

將敵人玩弄股掌之間

想確實獲勝，必須在適當的「地點」與「時間」引誘敵人，將「勢」發揮到極致。作戰方法有兩種。

佯動作戰

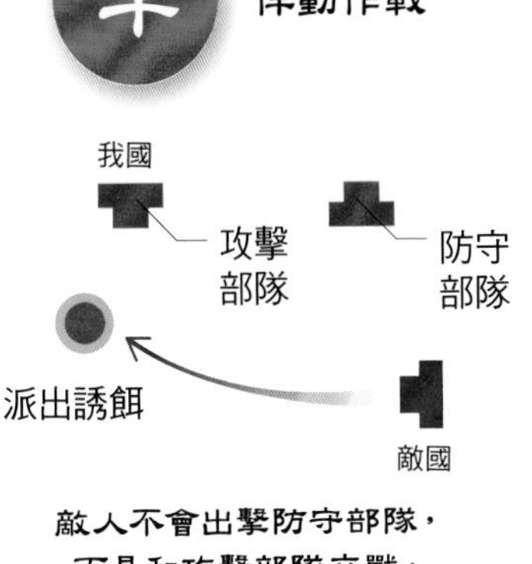

敵人不會出擊防守部隊，
而是和攻擊部隊交戰，
順利上鉤！

利

拋出誘餌
引誘敵人

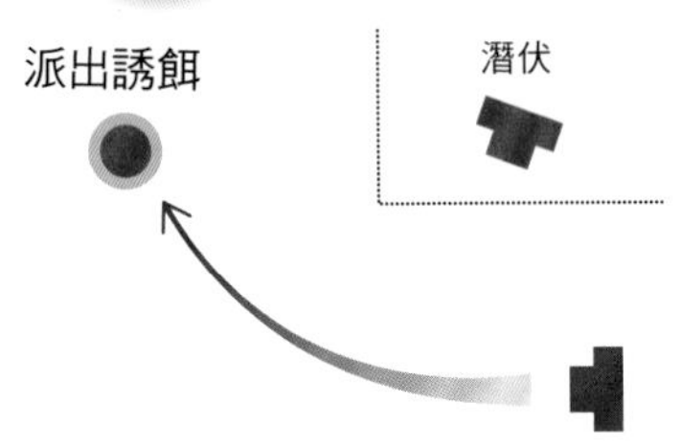

敵人無視作戰風險，
為了獲得誘餌而行動，
順利上鉤！

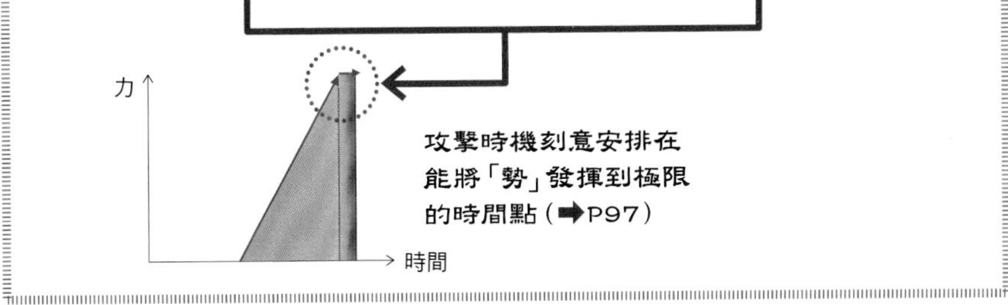

攻擊時機刻意安排在
能將「勢」發揮到極限
的時間點（➡P97）

別動隊一一布局，營造出表面假象，將敵軍引誘到目標場所，誘使對方掉入陷阱。

用誘餌誘出敵人

另一個作戰方法，則是拋出敵人想要的利益，誘惑對方採取行動。

只要適當偽裝，敵人就不會發現誘餌的真實身分，藉此將想獲利的敵人引誘至目標場所，再出動準備萬全的軍隊進攻，一舉攻克敵方。

以高明的統率方法治理軍團，提升團隊的「勢」並加以累積，接著利用誘餌誘導敵人行動後，再一口氣發揮「勢」的力量。這兩個動作若能完美配合，「勢」將成為收穫勝果的巨大力量。

團體大於個人的總和

善戰者，
求之於勢，不責於人，
故能擇人而任勢。
任勢者，
其戰人也，如轉木石。

文義

善於作戰的人，會活用整個團體氣勢形成的「勢」，不依賴士卒個人的資質。使人才明白自己肩負的職責，並配置在適當的位置，之後就全憑氣勢定勝負了。只要順利燃起全軍氣勢，軍隊發揮出百分之百的力量，即使士卒只是無能的外行人，也能乘著士氣英勇作戰。

團體氣勢與個人之力

為什麼孫子會這麼重視「勢」呢？因為基本上，孫子並不信任隊員的個人能力。

如果軍隊全是身經百戰的戰士，即使戰況不盡理想，也不至於造成多大的問題。但是實際作戰現場上，將領也要統率缺乏訓練的菜鳥士兵。也就是說，在每次的交戰局面中，士兵的「個人能力」都會成為巨大的隱憂，因此若將此納入戰術基礎，不僅缺乏可信度，也可能面臨極大風險。

另一方面，無論成員素質高低，現場領導人仍然必須完成四大任務，分別是統整現場、確實傳達指令、「防守」時徹底防禦，以及「攻擊」時完全壓制（⬇92頁）。

欲完成這些任務，與其仰賴成員個人之力，不如以「勢」的力量作為戰術基礎，領導人自身也比較容易控制整個團隊。

隨波逐流的力量

即便集結龐大人數產生了「勢」，說到底也只是一群烏合之眾罷了。

領導人必須確保軍隊中保有一定程度的熟練者，並且分別安排在適當的位置，才能將「勢」調整成可在戰爭中發揮功能的力量。

完成安排作業之後，領導人只需要決定釋放「勢」的時間點，其餘行動則交給成員們自行發揮即可。

「勢」能讓作戰過程形成良好的流向。即使領導人沒有下達任何指令，成員們也會自然而然地隨波逐流，採取適當的行動。

集合眾人之力後發動

個人的力量，無法成為致勝關鍵

集合眾人之力，一口氣釋放
方是致勝的關鍵

敵

比起提高個人能力，
使組織燃起氣勢
(➡P96) 更加重要

當組織燃起氣勢時，
更容易齊心作戰

5 Column

孫子時代的武器

在孫子身處的時代，戰爭型態為戰車戰，打敗敵方的將領就獲得了勝利。這樣的戰爭形式，也影響了當時的武器造型。

例如戈這種武器，能夠保持一段距離進行攻擊，方便砍下戰車上的敵人首級。而矛的前端寬，刺進敵人胸部時能夠造成致命傷。

殷商時期的主要武器為1.4公尺的長矛，由於容易旋轉，可作為近戰武器。到了戰國時期，將矛的長度伸長到2～3公尺，改為突擊武器。

至於戟，則是將矛與戈結合，方便刺入胸部後砍下首級，是相當便利的武器。據說從殷商時期就已經存在了。

此外，戰士會隨身攜帶刃長約20～40公分的短刀，用來割下敵兵的首級或耳朵，好證明自己的功績。戰士隨後會將帶回的頭顱或耳朵以及戰勝報告一同獻上宗廟，感謝祖先保佑性命。

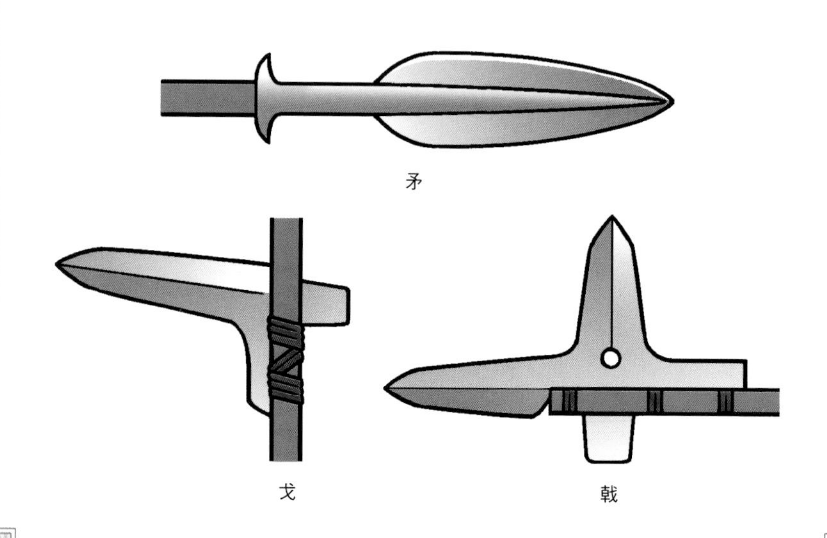

6章

虛實篇　必勝的兵法

【集中弱點，攻敵必救】

虛實篇 1

掌控對手，疲於奔命

能使敵自至者，利之也；
能使敵不得至者，害之也。
故敵佚能勞之，
飽能飢之，
安能動之。

文義

想使敵人移動到定點，可用利益引誘；想使敵人遠離定點，可用計誤導以為該處無利益。隨心所欲調動敵人，在敵人養精蓄銳時勞於奔波，在敵人糧食豐足時匱乏，在敵人決定採防守後卻動盪不定。

瞄準敵人的「破綻」

「奇」與「正」，是以「防守」的態勢逼退敵人攻勢的戰術（⬇94頁）。而「虛實」則是轉為「攻擊」，壓制敵人的戰術。

「虛」和「實」意味著敗因的顯露與否。因破綻而產生某種敗因的不利狀態，稱為「虛」；毫無破綻又無敗因的有利狀態，則稱為「實」。

戰爭是否能獲得勝利，取決於能否找出敵人的「虛」，並巧妙地集中攻擊該處（⬇80頁）。只要戰鬥發生時我軍處於「實」，敵軍處於「虛」，就絕對能取勝。

不僅如此，孫子在此也說明了能使敵人暴露「虛」的方法，期望各位不要被動等候敵方產生破綻，而是主動運用各種手段，製造可趁之機。

迫使敵人轉「實」為「虛」

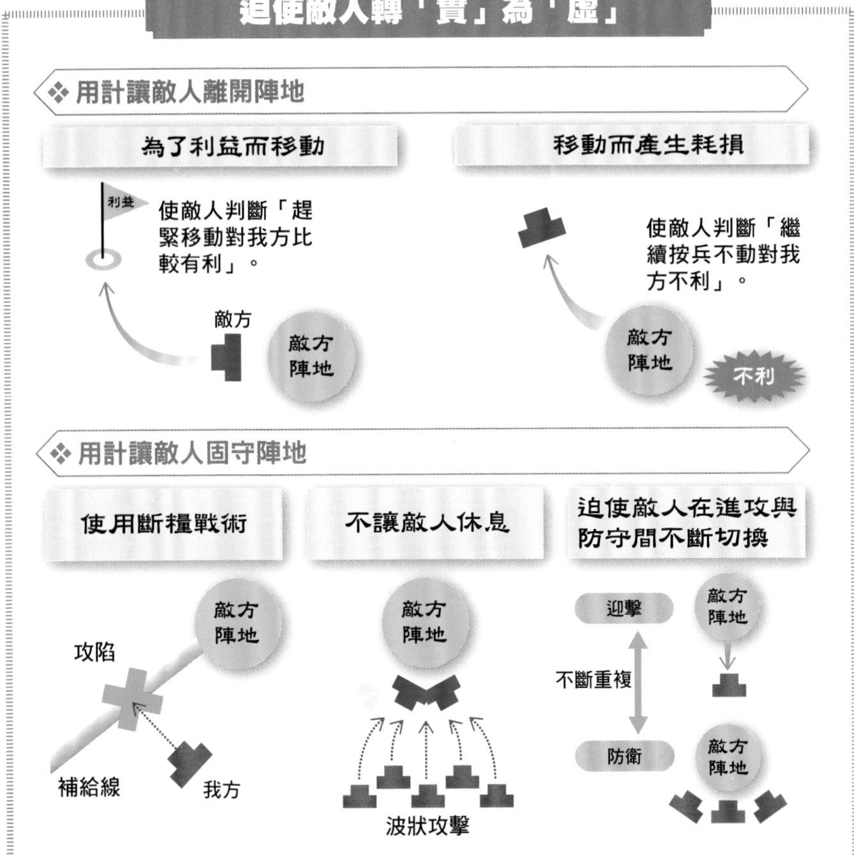

隨心所欲操縱敵人

一般來說，早一步抵達戰場的一方勝率較高，因為能在正式交戰前先整頓營地和補給線，士兵也有時間養精蓄銳。換句話說，先抵達戰場的軍隊為「實」，晚到的軍隊則為「虛」。因此當敵軍捷足先登時，必須強迫敵方增加損耗，轉「實」為「虛」。

具體來說，我們可以迫使敵人反覆切換攻守，增加活動量。像是令敵人深信「動起來會更有利」，或是「按兵不動會陷入不利局面」，迫使敵軍移動；或者不給敵人休息和保存體力的機會，頻繁發動小規模攻擊，強迫敵人行動。另外也可以破壞糧食補給線，間接衰減敵方的戰力。

虛實篇 2 集中敵人的盲點

行千里而不勞者，
行於無人之地也；
攻而必取者，
攻其所不守也；
守而必固者，
守其所不攻也。

文義

行軍千里而不疲憊，是因為走在敵軍無配置兵力的地區。進攻必定獲勝，是因為攻擊敵人疏於防守的地方。防守必定穩固，是因為守住了敵人一定會進攻的地方。

迴避不必要的戰鬥

迫使敵方陷入「虛」，破綻百出的同時，也別忘了要讓自軍處於充滿優勢的「實」。

不過，比起增加自軍的「實」的條件，最實際的方法莫過於找出敵方的「虛」，瞄準該弱點展開行動。例如將自軍部署在沒有敵人的地點，或是敵人不會想接近的地方。

只要沒有敵人，就不會進入交戰，能夠有效避免無謂的戰鬥，專心達成目標。這種部署方式對我軍來說非常有利，可謂究極的「實」。

神出鬼沒愚弄敵人

前述的戰術之所以能發揮效果，還有一個重要因素——因為是從敵方預料之外的方向發動攻擊。敵人等到回過神來，才驚覺交戰對手竟在眼前，己方據點瞬間被攻陷，毫無反應時間與反擊的餘力。對敵人來說，我軍的行動就如同神出鬼沒，難以捉摸，只能坐以待斃。

在戰場上，無論是將領還是士兵，一旦對現狀毫無頭緒，哪怕只是浮現一絲猶豫、稍微錯失時機，也會令自身立即陷入不利的局面。因為人們往往很難從容以待，妥善制定出解決對策。然而，與戰敗同樣糟糕的困境，正是無法想出解決對策。

這種「猶豫」的不穩定性，將直接成為敵人的「虛」。假若敵人又為了避免「重蹈覆轍」而分散戰力的話，又會繼續形成新的「虛」。此時我方便可以趁此良機，展開新一波的作戰行動，徹底攻克對手。

如何確保自軍的「實」

鎖定沒有敵人潛伏的地點，是確保「實」的基本原則。

1 行軍

毫無損耗，順利抵達目的地。

2 攻擊

未遭遇抵抗而順利占領。

3 守備

不交戰，保存戰力。

瞄準敵人的盲點

預料外

預料內

鎖定疏忽之處

進而不可禦者，衝其虛也；退而不可追者，速而不可及也。

文義

進攻時，敵人無法抵禦，是因為攻擊敵人兵力空虛之處。撤退時，敵人無法追擊，是因為行動迅速，以致敵人無法追上。

不利戰況之下的「實」

當我軍在非不得已的情況下，被迫只能朝著有敵軍駐守的地方行進、襲擊守備嚴密的敵人、從敵陣中緊急撤退……。面臨這些險境時，將領能夠採取哪些策略，使我軍始終保持在「實」的狀態呢？

從結論看來，只要趁敵人不備時展開行動即可。

可使敵人失去防備的作戰方法有很多，包括誘餌作戰、擾亂統率等等，接下來將會逐一介紹。

不過要請各位特別留意，此處最大的重點並非作戰方式的多寡，而是掌握整體狀況的方法。

居下風並不等於「虛」

從客觀的角度來看，被迫攻擊防守嚴密的敵人，或是遭敵軍追擊時，似乎是我方居於下風，但只要敵方的防守出現破綻，或是追擊步調混亂時，我軍依然能夠趁隙攻擊。

這個時候，白白浪費有利條件、暴露破綻的敵人為「虛」；而我軍在不利情勢之下，還能攻敵不備，擾亂敵軍統率，便是相對處於「實」。

怎麼樣是「虛」、怎麼樣是「實」，追根究柢其實與整體戰況無關。無論處於何種情境，不能活用有利條件的一方就是「虛」，而能找出挽救條件的一方則是「實」。

因此，即使我方陷入困境，也不等於就是「虛」，「虛」與「實」取決於能否在各種狀況中，找出挽回局勢的機會與條件。

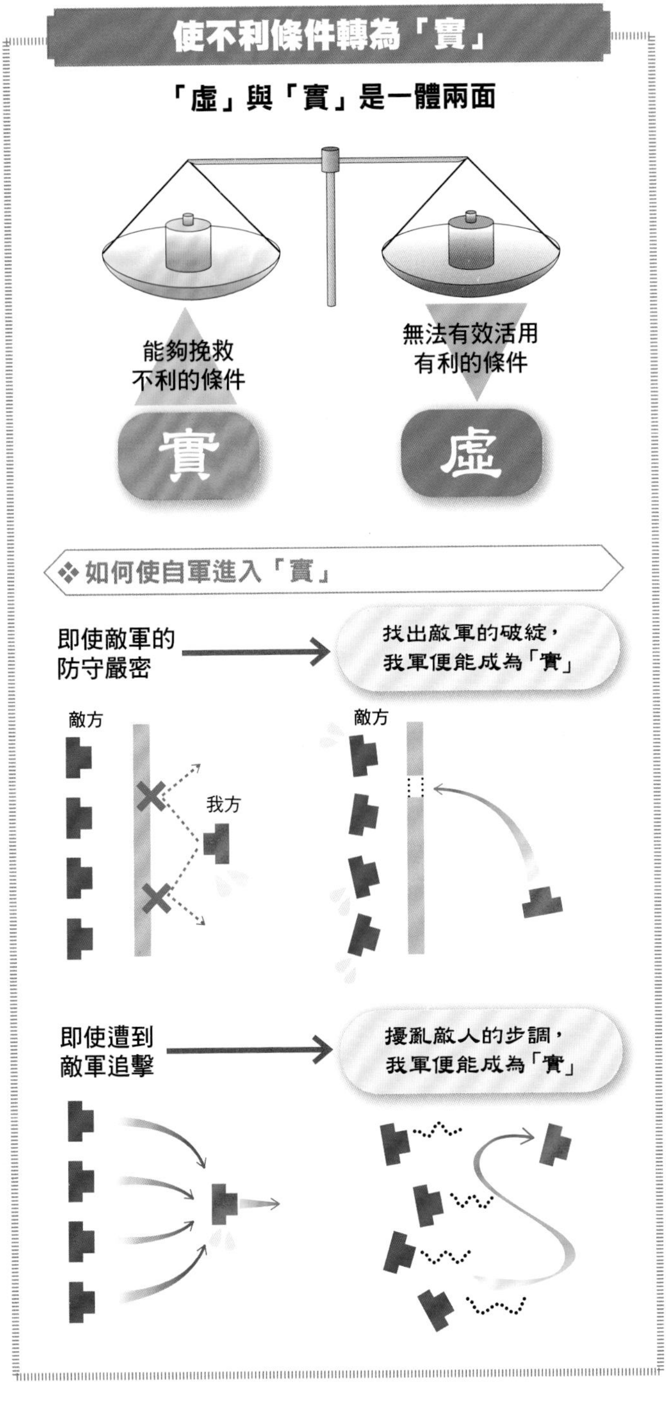

使不利條件轉為「實」

「虛」與「實」是一體兩面

能夠挽救
不利的條件

實

無法有效活用
有利的條件

虛

❖如何使自軍進入「實」

即使敵軍的
防守嚴密

找出敵軍的破綻，
我軍便能成為「實」

敵方

我方

敵方

即使遭到
敵軍追擊

擾亂敵人的步調，
我軍便能成為「實」

我欲戰，敵雖高壘深溝，不得不與我戰者，攻其所必救也；我不欲戰，雖畫地而守之，敵不得與我戰者，乖其所之也。

文義

我軍要交戰，敵軍就算想徹底防守，也不得不出來應戰，因為我軍攻擊的是敵軍絕對會救援的要害之處。我軍不想交戰，敵軍就算想作戰也無法攻擊，因為我軍設法改變敵軍的進攻方向。

使敵軍配合我軍行動

一般來說，當雙方展開戰鬥之際，處於「實」的一方通常會獲勝，處於「虛」的一方則往往落敗。

既然如此，當我軍在進入「實」的狀態時，最好積極交戰；進入「虛」的狀態時，則盡量迴避戰鬥。也就是說，只要能在我軍處於「實」的狀態時誘出敵軍，並在處於「虛」的狀態時趕走敵軍，就萬無一失了。

想操縱敵軍按照自己的計畫行動，不妨鎖定其利害，充分利用敵軍想維持現狀的心理。

舉例來說，當我軍處於「實」的交戰絕佳時機時，便要果斷襲擊敵人絕對不能失去的要害之地。具體而言，比如當重要據點或優秀人才遭到攻擊時，敵方就算再怎麼不願交戰，仍得硬著頭皮出兵救援。

利用敵人的好戰特質

另一方面，當我軍處於「虛」的狀態，想迴避眼前的敵人時，可以出動別動部隊，展開佯動作戰，將敵軍引往其他方向後，再趁機退兵到安全的地方。當敵軍處於「實」的狀態時，往往變得特別好戰，容易被佯攻釣上勾，效果絕佳。

即使被敵方識破我軍聲東擊西的戰術，只要我方能事先布陣，確保有利條件，依然能保持原先既有的優勢，處於「實」的狀態；晚一步才追來的疲憊敵軍仍是「虛」。如此一來，我軍便能趁虛攻擊了。

掌握戰爭的主動權

我軍處於實時交戰

❖誘出敵人，與之交戰

1 出動本隊，攻擊敵方的重要據點

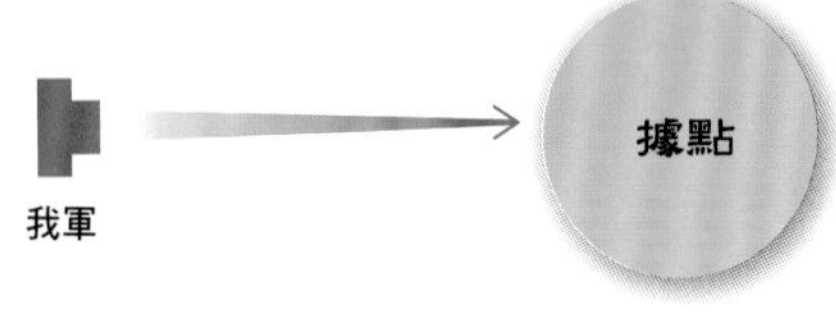

2 與敵方援軍交戰

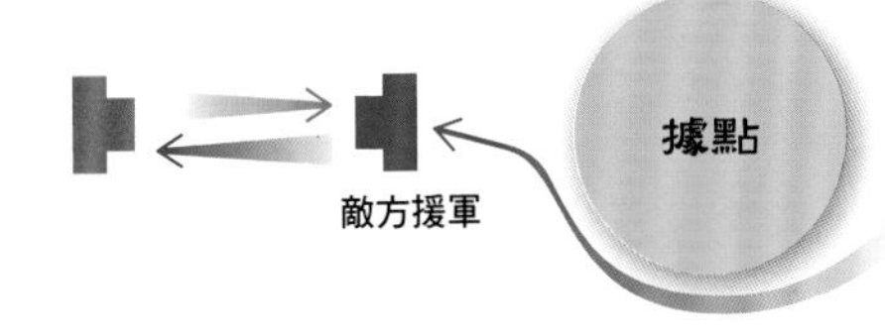

我軍處於虛時避免交戰

❖出動別動隊，佯動作戰

1 誘使敵人攻擊，趁機撤退

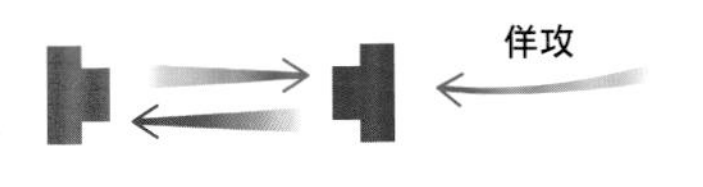

2 趁敵人不備，向其他方向撤退

虛實篇 5

分散敵人的戰力

吾所與戰之地不可知，不可知，則敵所備者多。敵所備者多，則吾所與戰者，寡矣。

文義

不要暴露我軍想交戰的地點，如此一來，敵人就必須在更多的地點配置兵力。兵力越分散，配置在目標交戰處的兵力必定會越少。

分散、孤立、攻擊

孫子提及的取勝方法之一，是靠數量壓制（⬇68頁）。投入戰場的士兵人數，正是我軍維持「實」的重要條件。但是當徵集的士兵人數有限時，有沒有辦法憑藉人數較少的「虛」，擊敗人數眾多的「實」呢？

這個時候應該留意的關鍵是，在戰爭中，只有直接面對敵軍的部隊需要拿起武器交戰。因此無論是多麼龐大的組織，經分散後也會縮水成好幾個少人數的小隊。

也就是說，當敵方戰力分散時，我方只要集中攻擊一處，使我方前線的兵力相對多數，便能形成以「實」擊「虛」的有利形勢。

使敵人從兵力優勢轉為「虛」

無論是多麼龐大的軍隊，
實際戰鬥的也只有位於前線的少數部隊而已。

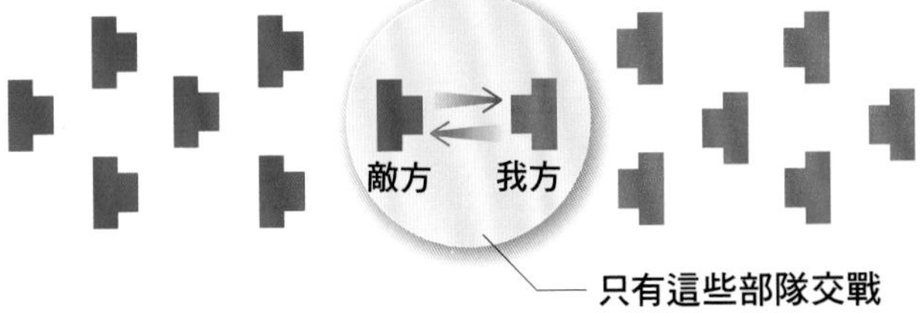

敵方　我方

只有這些部隊交戰

❖ 分散敵人的前線部隊，減少交戰對手的數量

1 從多個方向展開佯動作戰 → 2 敵人分散兵力，增加配置據點 → 3 鎖定一個小部隊，集中戰力攻擊

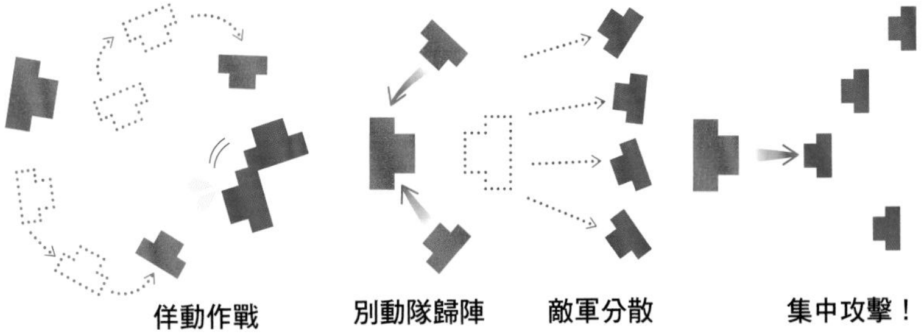

佯動作戰　別動隊歸陣　敵軍分散　集中攻擊！

從大組織獨立出小部隊

這個戰術的重點是不讓敵人識破我軍本隊預備攻擊的對象，以及誘導敵人在前線分散開來。

為了達到前述目的，最有效的方法是我方出動別動隊，從多個方向展開佯動作戰，令敵人無法辨別我軍的攻擊目標。

這個戰術為什麼能夠生效呢？正是因為敵人摸不清我方的計畫，必定會模擬各種可能發生的狀況。此時敵方若得知自軍人數占上風，認定即使分散戰力，情勢依然有利，通常會決定在更多地方配置兵力。

等到敵方小隊呈現個別孤立的局面後，我軍再集中戰力攻擊。此時我軍的人數通常會比敵軍多五～十倍，但其實只要能多出兩倍，就能保證勝券在握了（⬇68頁）。

不知戰之地，不知戰之日，則左不能救右，右不能救左。而況遠者數十里，近者數里乎？敵雖眾，可使無鬥。

文義

不讓敵軍看穿我軍準備攻擊的時間與地點，這樣就算預定地點附近有敵方友軍，也很難趕來救援。哪怕敵方有千軍萬馬，在戰力分散後遭到突襲，也沒辦法好好戰鬥。

阻斷援軍

當我軍實行分散戰術後，如果敵人分散的小隊數量不如預期，這時該怎麼辦才好呢？

這時請謹記一點，只要戰鬥後續沒有援軍加入，與我軍交戰的敵人數量就不會增加。也就是說，只要能阻止敵人的援軍前來救援，使敵我雙方維持與最初同樣的兵力，就非常有機會獲勝（⬇68頁）。

那麼我們該如何主動出擊，阻止敵方援軍救援呢？方法不外乎鎖定敵人意料之外的時間和地點展開攻擊，簡單來說就是發動突襲。

當敵方掌握到我方的攻擊時機時，便會聯繫遠方的援軍，調派部隊趕來支援。但是若我方發動突襲，敵方只能收到「有突襲」的緊急通知，完全措手不及，來不及下達後續行動。

趕緊撤退

這種突襲戰術的關鍵，在於徹底隱藏情報。另外還有一個重點，便是在開戰之後，必須想辦法延長敵方援軍抵達的時間，而且要盡可能將時間拉長到極限。

此戰術的具體實施過程如下：在遠離突襲目標的地點展開大規模的佯動作戰，吸引敵方的大半戰力，拖延援軍抵達的時間，並利用這段時間集中攻擊目標。

這裡還有一個關鍵，即使雙方尚未分出勝負，我軍也必須趕在援軍抵達前撤退。因為加上援軍的兵力後，敵人已經不是處於「虛」的態勢，因此我方應避免與之交戰。

敵人分散後兵力仍然眾多

在援軍趕到之前，
敵方的戰力都不會再增加
＝
只要阻止援軍
就能用現有兵力與敵抗衡

1 潛伏接近敵人的單一部隊

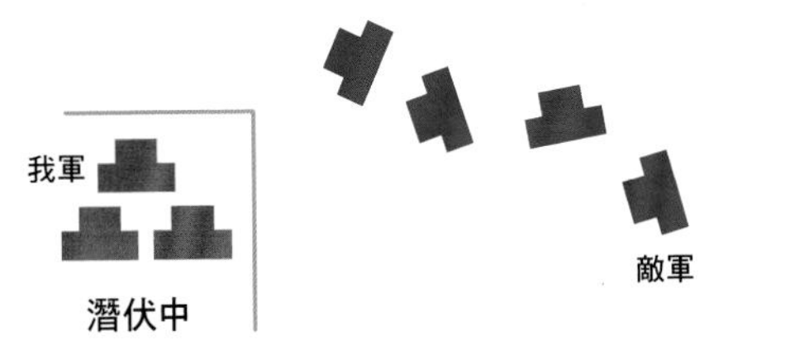

2 發動突襲

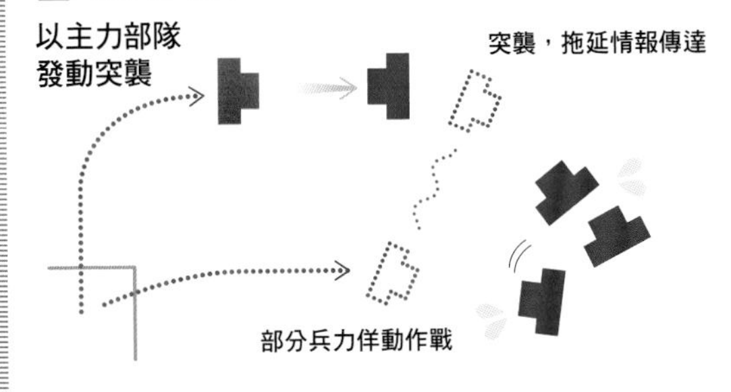

3 敵方援軍趕到後，立刻撤退

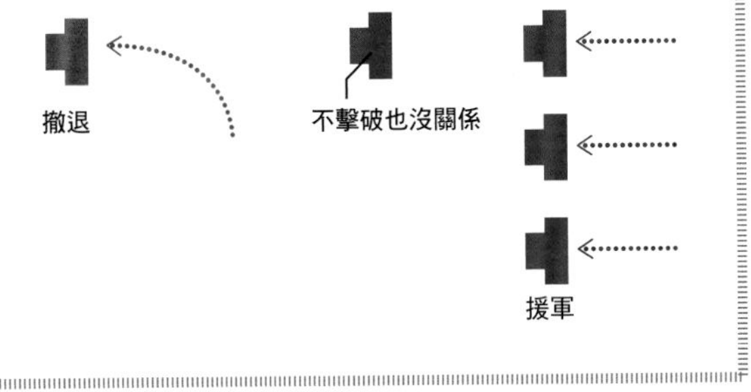

策之而知得失之計，作之而知動靜之理，形之而知死生之地，角之而知有餘不足之處。

文義

分析敵方的情勢，判斷對手的優劣得失；追蹤敵方的行蹤，瞭解對手的活動規律；掌握敵方的攻守狀態，弄清對手的致命弱點；發動試探性的進攻，探明對手戰力配置的強弱多寡。

四種情形招致「虛」

「虛」與「實」是相對的概念，當敵軍處於「虛」的狀態時，我軍便處於「實」的狀態。因此只要通透可將敵方打入「虛」的困境的基本戰術，交戰時會更如魚得水。

能夠使敵方陷入「虛」的狀態的戰術，可概略分為以下四大類型。

①用利害引誘
②捷足先登
③攻其弱點或趁其不備
④攻擊戰力較弱的部分

為了成功獲取戰果，當我方運用這些戰術時，必須儘早掌握敵方的偏好及活動規律，而這些情報都能夠從外部探查得知。

活用情報，占據優勢

①的戰術，是利用敵方想要或不想失去的東西，迫使敵人來回奔波。只要事先探查，就不難明白敵方重視或是缺乏哪些資源。

②的戰術，是瞭解敵方偏好的戰術以及「在各種戰況下」的行動規律，

預測敵方下一步的舉措，預先做足準備。只要追蹤調查敵方平時的行動，就能歸納出行動模式。

③的戰術，是鎖定敵方重視但防守相對鬆散的據點，或是針對敵方嚴加防守的弱點，重點攻擊，引起敵方內部混亂。只要確認敵方是採「攻」或「守」的策略，就能掌握這些弱點。

最後④的戰術，則是探明敵方的戰力配置，攻擊戰力較弱的地方。只要發動試探性的攻擊，就能明白敵方的部署狀況。

如何偵查敵方的「虛」

1 調查敵人的經濟狀態與偏好

瞭解敵方想要的東西，以及不想失去的東西

誘餌作戰可發揮效果

2 追蹤調查敵人平時的行動

掌握敵人的行動模式

預測敵人的下一步動作

3 調查敵方軍隊的部署狀況

掌握敵人的重要據點、盲點及弱點

最適合作為攻擊或佯動作戰的目標

4 向敵陣發動試探性攻擊

找出敵人戰力較弱之處

最適合作為集中攻擊的目標

形兵之極，至於無形。因形而措勝於眾人，眾不能知。人皆知我所以勝之形，而莫知吾所以制勝之形。故其戰勝不復，而應形於無窮。

文義

兵法的極致在於看似沒有兵法。表面看來，能夠在戰爭中取勝是靠著龐大的兵力，實則卻是仰仗無形的戰略。他人都只能看見勝利的結果，無從得知是如何運用策略而獲勝。因此若想戰勝敵人，就不能使用固定的戰法，而是配合敵方行動變換作戰方式。如此一來，我軍的行動便難以捉摸，敵方也無從制定對策。

看不見的軍隊

在我軍處於「實」，敵軍處於「虛」的狀態下交戰，我方必定取勝。不過，敵人也不是省油的燈，尤其得知我方處於「實」時，絕對會避免與我方爭鋒；相反地，敵方得知我方處於「虛」時，必定會趁機攻擊。

也就是說，無論我軍處於「實」還是「虛」，都應該避免被敵方看透，這才是戰鬥時的最佳模式。而這一點正是孫子認為「兵法的極致在於無形」的原因。

行軍如同流水

想要使我軍情勢化為「無形」，讓敵方捉摸不定、無從行動的話，需要留意以下四大重點。

第一個重點，盡量避免制式化的作

戰模式，否則容易被敵人識破行動，反被捷足先登。

第二個重點，不讓敵人識破我軍的攻擊目標。如果能發動突襲取勝，敵人將無從得知我軍取勝的經過。

第三個重點，不要大動作干擾敵人的活動。只要讓敵人以為「一切行動都如我所願」，即使敵方戰敗後，也很難以察覺出敗因。

第四個重點，最後鎮壓時只集中攻擊「虛」的地方。迅速分出勝負，敵人將難以看清整個交戰過程。

不流於形式、沒有固定的行動，隨波逐流，最終匯聚成強大的力量。孫子將這樣的戰術比喻為潺潺流水，並且總結「兵形象水，水之形，避高而趨下；兵之形，避實而擊虛」。

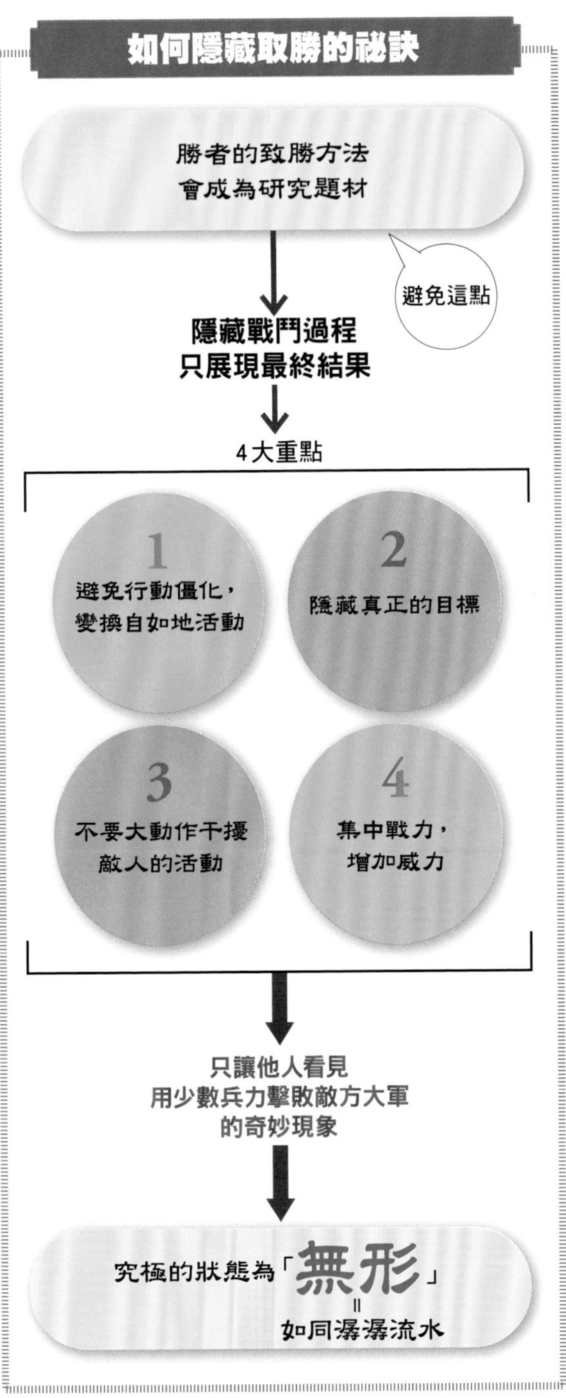

6 Column

孫子時代的防護用具

在接下來的第七章，將會說明將領率軍搶先奪取陣地的重要性（➡P128）。當中提到步兵「卷甲而趨」，意思是步兵捲起鎧甲後帶著它快步跑。由於當時的鎧甲是用皮革製成，因此能直接捲起。

皮甲主要是以水牛或犀牛的厚皮製成，當時犀牛主要棲息在越南及寮國等東南亞地區，在中國境內也能取得犀牛皮。

商周時期的皮甲為套頭式設計，在單片皮革中央割出U型，從該處套入頭部，立起的U型部分便能有效保護後腦。不過，穿著這種皮甲時，若身體遭到攻擊，就得不到防護效果了。

到了孫子活躍的春秋時期，鎧甲進化成利用小片皮革縫合而成的設計，也就是日本一般稱為「縅」的鎧甲。縅同時也是日本戰國武將使用的鎧甲之一，方便活動，也能完整保護身體側面。這種鎧甲是將皮革重疊縫合而成，堅韌性能大增，再加上高領狀的防護，能保護頸部不受戈、戟等武器傷害。

一般來說，步兵的鎧甲重視實用性，而國君衛兵的鎧甲多使用彩色皮革或絲線製作，相較之下更顯華麗。

春秋時期步兵的軍裝

7章

軍爭篇　幻惑的兵法

【先下手為強】

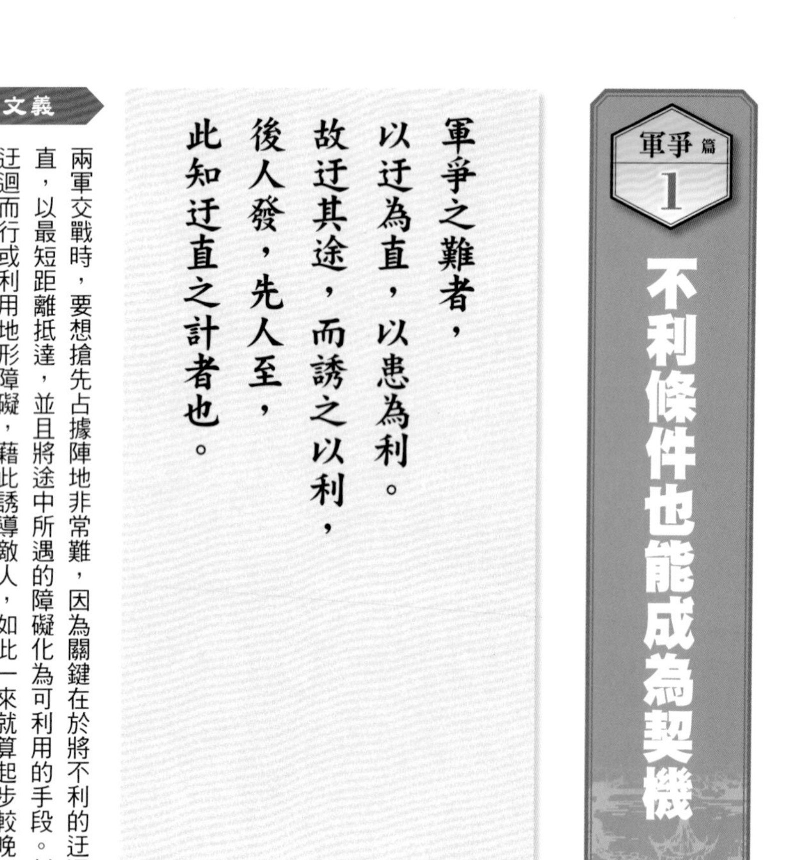

軍爭篇 1

不利條件也能成為契機

軍爭之難者，以迂為直，以患為利。故迂其途，而誘之以利，後人發，先人至，此知迂直之計者也。

文義

兩軍交戰時，要想搶先占據陣地非常難，因為關鍵在於將不利的迂迴路徑取直，以最短距離抵達，並且將途中所遇的障礙化為可利用的手段。刻意採取迂迴而行或利用地形障礙，藉此誘導敵人，如此一來就算起步較晚，依然能搶先敵人一步抵達戰場。只要懂得運用迂直之計就能辦到。

挽救不利局面

戰爭的大原則是「先抵達戰場，穩住陣腳的一方較有利」。因此，敵我雙方為了搶先抵達戰場，會展開爭奪前線的前哨戰，這就是引文中所謂的「軍爭」。

「軍爭」的目的，是增加戰時的優勢，因此在整場戰事中的定位為輔助戰，但孫子認為軍爭其實是整場戰爭中最困難的部分。

這是因為「軍爭」的重點並非武力對決，也就是說，影響戰況的關鍵並非兵力等物理要素，而是將領（現場領導人）的策略優劣。

當我軍陷入不利狀況，無法搶先敵軍一步抵達戰場時，這時便需要用上策略。換句話說，如果我軍有辦法搶先抵達戰場，「軍爭」在戰略上就不會受到重視了。由此可知，「軍爭」

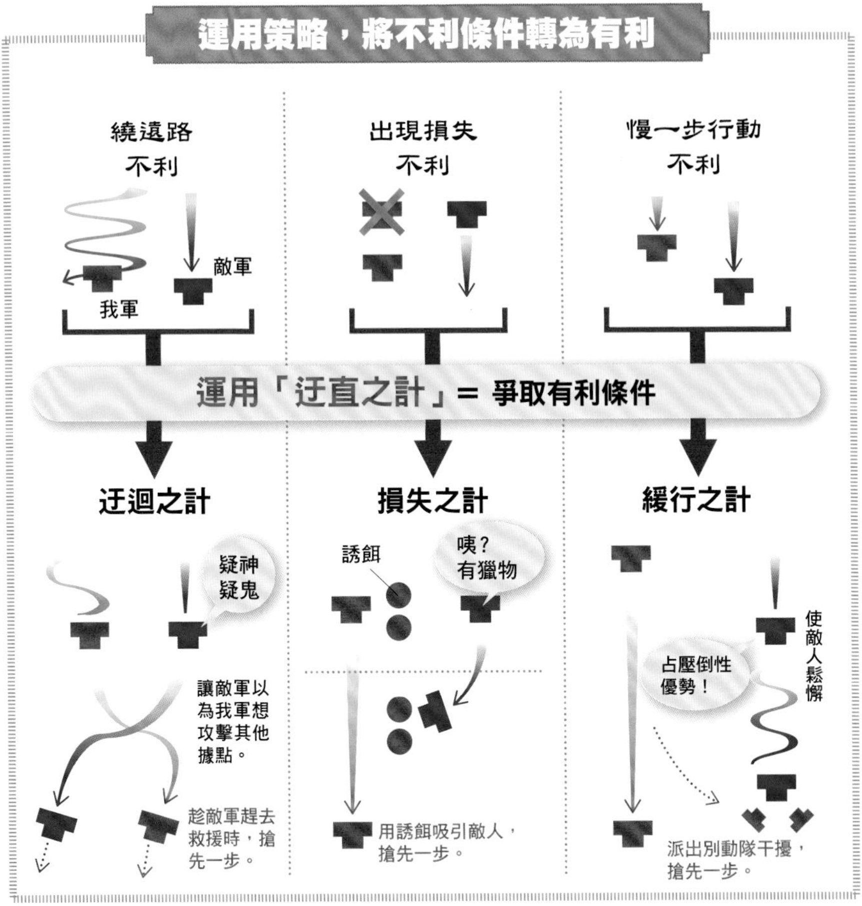

運用策略，將不利條件轉為有利

繞遠路
不利
敵軍
我軍

出現損失
不利

慢一步行動
不利

運用「迂直之計」＝爭取有利條件

迂迴之計
疑神疑鬼
讓敵軍以為我軍想攻擊其他據點。
趁敵軍趕去救援時，搶先一步。

損失之計
誘餌
咦？有獵物
用誘餌吸引敵人，搶先一步。

緩行之計
使敵人鬆懈
占壓倒性優勢！
派出別動隊干擾，搶先一步。

追求的是挽回不利局面的策略，難度自然較高。

有利或不利，取決於策略

孫子認為只要懂得運用策略，就能將不利的局面轉為有利，這就是所謂的「迂直之計」。

「迂直之計」的基本原則為混亂敵人的心理，讓敵人以為我軍「表面看似不利，但說不定其實深藏不露」，或是「說不定有不惜讓自己陷入不利困境，也得執行的重要行動」，誘使敵人做出錯誤判斷。

舉例來說，我方可以故意繞遠路，讓敵人以為我軍想攻擊其他的軍事據點。如此一來，敵軍便會改變行軍路線，趕來阻止，我方便能趁機占據原本的戰地。

稍微深入探討

另一位孫子的「迂直之計」

1 敵軍侵襲我方的重要據點

孫臏提議

不要出動援軍。故意攻擊敵人難攻的據點（城）。

目的

讓敵人以為我方像無頭蒼蠅，作戰混亂。

2 接近敵人的據點

孫臏提議

派2名不適任的將領攻城。

目的

拋出誘餌，誘導敵軍。

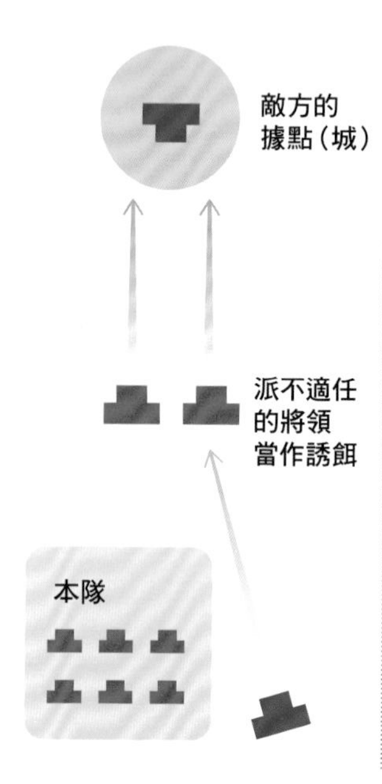

雖然前一個章節解釋了何謂「迂直之計」，但實際上這個戰略晦澀難解，有諸多不同的解釋，至今仍未達成共識。目前主流的解釋是：讓敵軍以為我軍繞遠路，使其鬆懈戒備；我方同時拋出利益，誘使敵軍的注意力轉往其他方向，拖慢其行軍速度，我軍再趁機搶先抵達戰場，以逸待勞。

日本漢學家，同時也是中國哲學研究權威的東北大學名譽教授淺野裕一，在其著作《「孫子」を読む》（講談

3 敵方援軍攻來，兩名將軍戰亡

孫臏提議

派出行動迅速的別動隊，攻擊敵人的國都。

目的

激怒敵人，迫使其趕回國都。

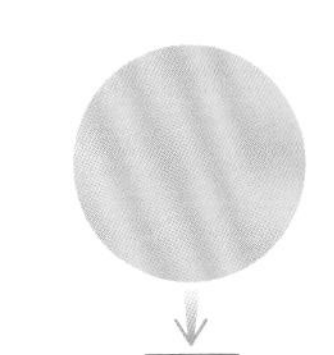

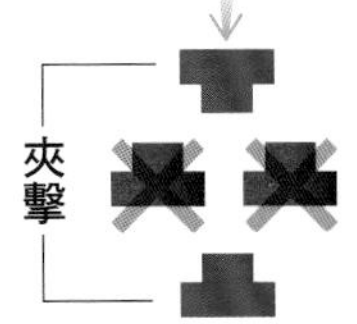

捨棄將領，刻意吞下敗仗，使敵人鬆懈

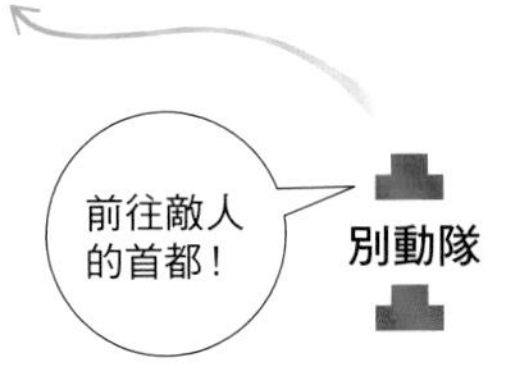

4 敵軍捨棄糧草和重裝，緊急趕回國都

孫臏提議

分散本隊，從後方追擊。

目的

讓敵人誤以為我軍人數少。

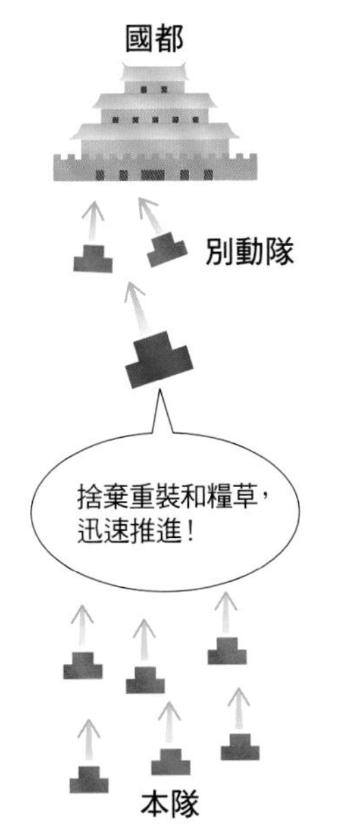

5 本隊與別動隊匯合，一同夾擊敵軍

大破敵軍

國都

先抵達的別動隊

追來的敵軍

夾擊

本隊

社出版）中提到，迂直之計是非常高深的戰術，這一點可以從晚孫武一百多年的兵法家——孫臏，在戰爭中實行的策略嗅出端倪。

上方的流程圖，正是戰國時期「桂陵之戰」的整個過程。齊國為援救趙國而出兵攻擊魏國，因此發生了這場戰役。在這場戰爭中：

◎**齊軍刻意繞遠路，誘導魏軍本隊。**

◎**齊國派出不適任的將領率兵出擊，不令魏軍識破其真正的實力。**

孫臏便是積極利用諸如上述的不利條件，創造贏面，達成戰爭目的。

軍爭篇

2

切忌混淆目的與手段

軍爭為利，軍爭為危。
舉軍而爭利，則不及；
委軍而爭利，則輜重捐。
是故軍無輜重則亡，
無糧食則亡，
無委積則亡。

文義

與敵軍爭奪陣地，勝者能獲得更大的利益，但風險相對極高。如果出動全部軍隊爭奪，會喪失機動性，無法搶先敵軍抵達戰場，將陷入不利狀況。但若是出動部分軍隊爭奪，補給部隊沒有隨後跟上，便無法確保軍需品和糧食，將會導致全軍覆沒。

強迫進軍的後果

在解釋「迂直之計」實際是怎麼樣的戰術之前，先和大家說明擬定「軍爭」策略時，必須留意的重點。

說穿了，「軍爭」只是為了獲得能使本戰更有利的條件，如果沒有牢記此一目標，只顧著考慮「要如何搶先抵達戰場」，恐怕很難順利實行作戰內容。

只在乎早一步抵達戰場、頭腦簡單的將領，極有可能會採取下述的作戰方式：行軍時，安排行動較慢的補給部隊最後出發，所有士兵僅攜帶必要的軍需品，輕裝疾行；而且為了增加每日的移動距離，命令士兵不分晝夜持續奔走。

然而，即使能提早抵達戰場，大部分的士兵也早就在移動過程中脫隊，導致現場戰力不足。不僅如此，補給

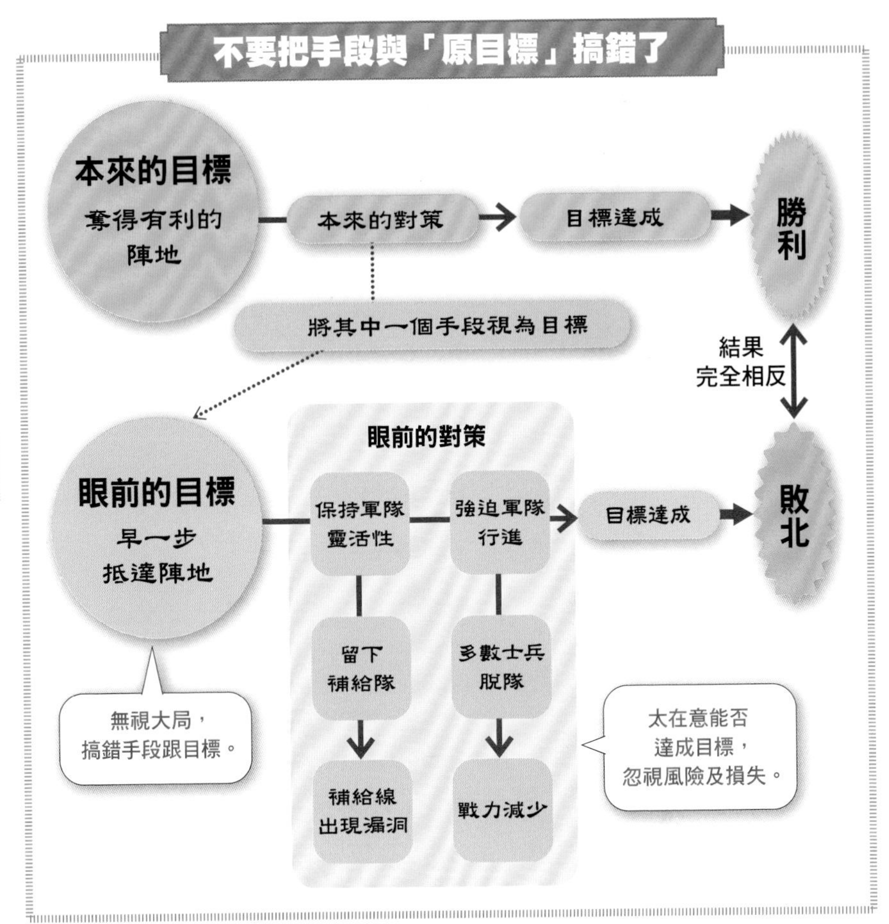

部隊接應不及，會造成本隊物資逐漸枯竭，最終將導致全軍覆沒。

得利也無法平衡損失

前述作戰方式犯了兩大錯誤。第一個錯誤是搞錯手段與目的，搶先抵達戰場只是一種能為本戰增加有利條件的手段，領導人卻誤以為這是主要目的，平白耗損戰力。

第二個錯誤是過度重視能否達成目標，忽視此一行動方針會造成的風險和損傷。即使最終獲得有利條件，但若團隊在過程中受到太大的傷害，不僅無法得到利益，還有可能會招來嚴重的後果。

簡單來說，領導者不能被眼前的利益蒙蔽，否則便會在下個瞬間付出昂貴的代價。

軍爭篇 3 擾亂敵人

兵以詐立，以利動，以分合為變者也。故其疾如風，其徐如林，侵掠如火，不動如山，難知如陰，動如雷震。

文義

迂直之計是欺騙敵人，使其誤判，並用利益誘使敵人貿然行動，再利用分合策略，將軍隊拆分為小部隊發動佯攻，或集合全軍發動總攻擊。不斷改變局勢，擾亂敵人。軍隊的分合應像風一樣迅疾，像林一樣遲緩，像火一樣具侵略性，像山一樣穩固，像陰雲一樣難以預測，像雷電一樣急襲難防，變化自如地行動。

迂直之計的三大戰術

「迂直之計」必須經過「詐」、「利」、「分合」這三個階段的戰術，才能達成「將不利狀況轉為有利」的目的。

「詐」是干擾敵人判斷，讓敵人誤以為我方情勢或許沒有表面看來那麼不利。「利」是讓誤判的敵人有行動的動機，促使其捨棄有利條件。「分合」是擾亂發起行動的敵人，扭轉戰況成對我方有利。

「迂直之計」的成功祕訣，在於以「分合」混亂敵人。其中，「分（小部隊活動）」特別重要。孫子將「分合」分為「風」、「林」、「火」、「陰」、「山」、「雷震」這六大行動。

風林火山的部隊

首先，在敵人的視線範圍內發動佯動作戰，要像「風」和「林」一樣行動。誘出敵人後甩開追擊，藉此分散其前線部隊或改變其進軍路線，使敵軍疲憊不堪。

接著，在敵人後方發動作戰，要像「火」和「陰」。例如掠奪糧食或埋伏補給部隊，斷絕敵方的兵糧或加快兵糧消耗的速度，也可以藉攻擊重要據點、封鎖退路等手段動搖敵人，逼迫其分散戰力。

最後是小部隊聚集成為「合」後，作戰要像「山」和「雷震」。展現巨大威力阻止敵人前進，或是發動急襲混亂敵人。

在這一連串的戰術威脅下，敵方一步步陷入不利，我方則一口氣占據優勢，這正是「迂直之計」的精髓。

三軍可奪氣。朝氣銳，晝氣惰，暮氣歸。故善用兵者，避其銳氣，擊其惰歸，此治氣者也。

文義

攻擊敵兵時，必須先挫其士氣。士兵在早上時士氣最為旺盛，中午開始怠惰，到傍晚變得完全厭戰了。善於用兵的人，要避開銳氣十足的上午時段，等到下午敵人鬆懈時才發動攻擊，這正是利用士兵士氣的作戰方式。

到開打前都還是「軍爭」

狹義來說，「軍爭」是敵我雙方競逐誰先抵達戰地。不過若是從「獲得本戰的有利條件」的層面來看，一直到本戰正式開打之前，敵我雙方都仍然處於「軍爭」的較勁之中。

即使敵方已經搶先布陣，我方依然能採行「分合」策略，用三種戰術挽救劣勢。其中第一種戰術，正是利用士氣來動搖敵軍（另外兩種戰術詳見⬇134、136頁）。

士兵的士氣強弱並非恆定，而是會隨時間變化。早上通常神清氣爽、幹勁十足，中午開始感到疲憊，到了傍晚則完全喪失戰意。

這種變化不只適用於一整天的時間，也能套用在戰時長短。開戰初期士氣高昂，隨著戰爭時間拉長，士兵也會越來越厭戰。

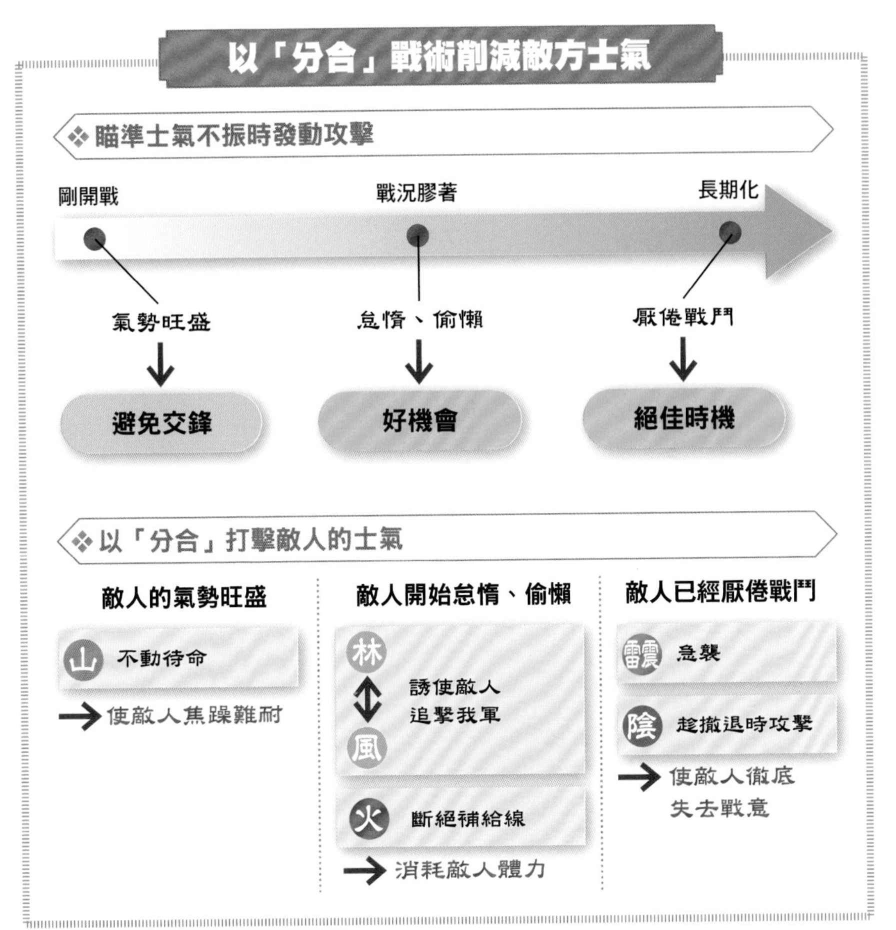

因此，我軍要避免在早上或開戰初期與敵方交戰，改派出小部隊，伺機襲擊敵軍，助長其午間的惰性及晚間的厭戰情緒，創造出有效削弱敵方的有利條件。

維持我方士氣

雖然我軍的士氣同樣會有強弱的變化，但只要採取「分合」戰術，就能確保優勢。

實行「分合」戰術時，由於各部隊規模小，隊員們的責任感較強，明白士氣不振會造成劣勢，危機意識也比較高。因此隊員隨時保持高亢精神，士氣自然不易衰弱。與安於有利情勢的敵軍大部隊相比，我軍士兵更有辦法長期維持士氣。

將軍可奪心。以治待亂，以靜待嘩，此治心者也。

文義

攻擊敵方將領時，必須動搖其平常心。嚴整我軍的秩序，等待敵軍混亂；使我軍保持冷靜，等待敵軍將領精神不濟。這正是利用將領情緒的作戰方式。

動搖敵將的平常心

面對搶先一步布陣的敵人，我方還能採行哪些策略奪回優勢？第二個作戰方式便是動搖管理、統率該陣地的敵方將領（現場領導人）。

如前面章節所述，再怎麼井然有序的組織，都有可能因混亂而潰散，因此現場領導人的任務之一便是穩定軍心，避免士兵人心浮動（➡92頁）。相反地，如果將領無法達成這一項要務，現場士兵自然容易手足失措，給予對手可趁之機。

為了達到挫敗敵將的目標，最有效的方法就是不斷發起突襲，迫使敵方領導人措手不及，一步步推進施加壓力。具體來說，我方可以從多方面發起佯動作戰，令敵方將領應接不暇，精神壓力大增，間接迫使其放棄原本的任務。

動搖敵軍的信賴關係

除此之外，當我方多方發起佯動作戰，不僅能強迫敵軍增加出兵次數，還能妨礙敵軍得到明顯的戰果，促使敵方的組織成員對領導人的能力失去信任。

戰場最前線的隊員，必須聽從領導人的指令迅速行動，因此當隊員不信任領導人時，自然不願服從其指示。

而我方只要趁敵方兵不由將時，趁隙發動突襲，敵軍就無法迅速又確實地應戰了。

上述的戰術，正是充分地利用「分合」的靈敏性質。

以「分合」戰術動搖敵方軍心

以靜待嘩

＝

保持冷靜，等待敵將失去冷靜

利用誘餌部隊，使敵軍疲於奔命

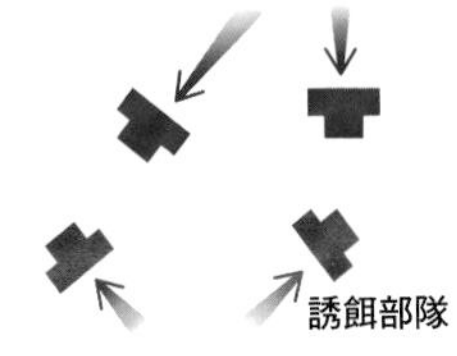

使敵兵對敵將的信任度降低

趁敵軍不服從指揮時，一口氣發動攻擊

以治待亂

＝

維持我軍秩序，等待敵軍混亂

派佯動部隊，從多方展開攻擊

敵將的危機處理能力超出負荷

趁敵方統率不佳時，一口氣發動攻擊

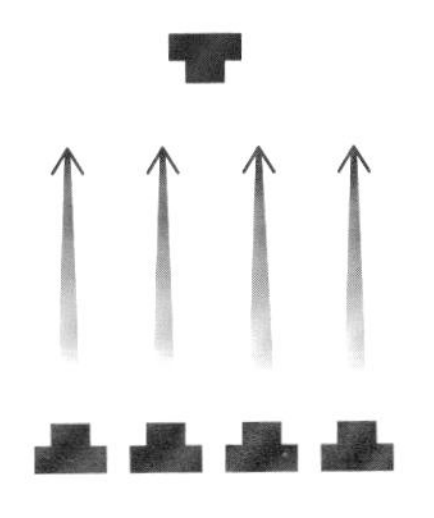

以近待遠，以佚待勞，以飽待飢，此治力者也。

文義

將戰場設在靠近我軍的地點，等待敵軍長途跋涉；我軍從容休息，而敵軍奔走疲勞；我軍糧食飽足，而敵軍糧盡人飢，這些都是利用戰力失衡獲致勝利的作戰方法。

小部隊的靈敏性

面對搶先布陣的敵人，奪回優勢的第三個作戰方式是消耗敵人的體力。

第六章的「虛實篇」中也有提到類似戰術（➡106頁）。此戰術雖然需要花費一段等待期，卻能保證我軍不受傷害，又能確實追擊敵人，因此相當受孫子青睞。

運用此「分合」戰術時，可採行以下步驟。首先瞄準敵軍想一決勝負的時機，故意將陣地挪往遠處，按兵不動，等待敵軍長途跋涉前來攻擊。這個時候，早一步處於該戰地的我軍便能確保有利的戰鬥基礎，而被迫長距離移動的敵軍則會產生耗損。

小型組織的優勢

另一方面，若是敵方按兵不動時，

以「分合戰術」誘使敵人自取滅亡

❖強迫移動，增加耗損量

在某處按兵不動 → 敵軍上當而逼近

敵軍
我軍
敵人預計的戰場
舊戰場
新戰場（離營地近）

❖剝奪修整機會，增加耗損量

出動小部隊 → 反覆發動波狀攻擊

❖採取斷糧攻擊，增加耗損量

出動別動隊，攻擊敵方補給線 → 等待敵軍糧盡人飢

補給線
別動隊

我方則可以派出誘餌小隊接近，等敵軍出動後立刻撤退，使其徒勞無功。也可以不斷發動試探性攻擊，不留給敵方喘息重整的時機，或是阻斷補給線，不讓敵方補充糧食等資源。

即使我方某一小隊在作戰中產生大量耗損，也能夠把該小隊調到後方，使軍隊整體受到的影響降到最低，這點也是「分合」戰術的優點之一。

把軍隊分散成小部隊，能夠減少我軍受到的耗損，得以不斷派出戰力充實的隊伍，因此最適合用於消耗戰。

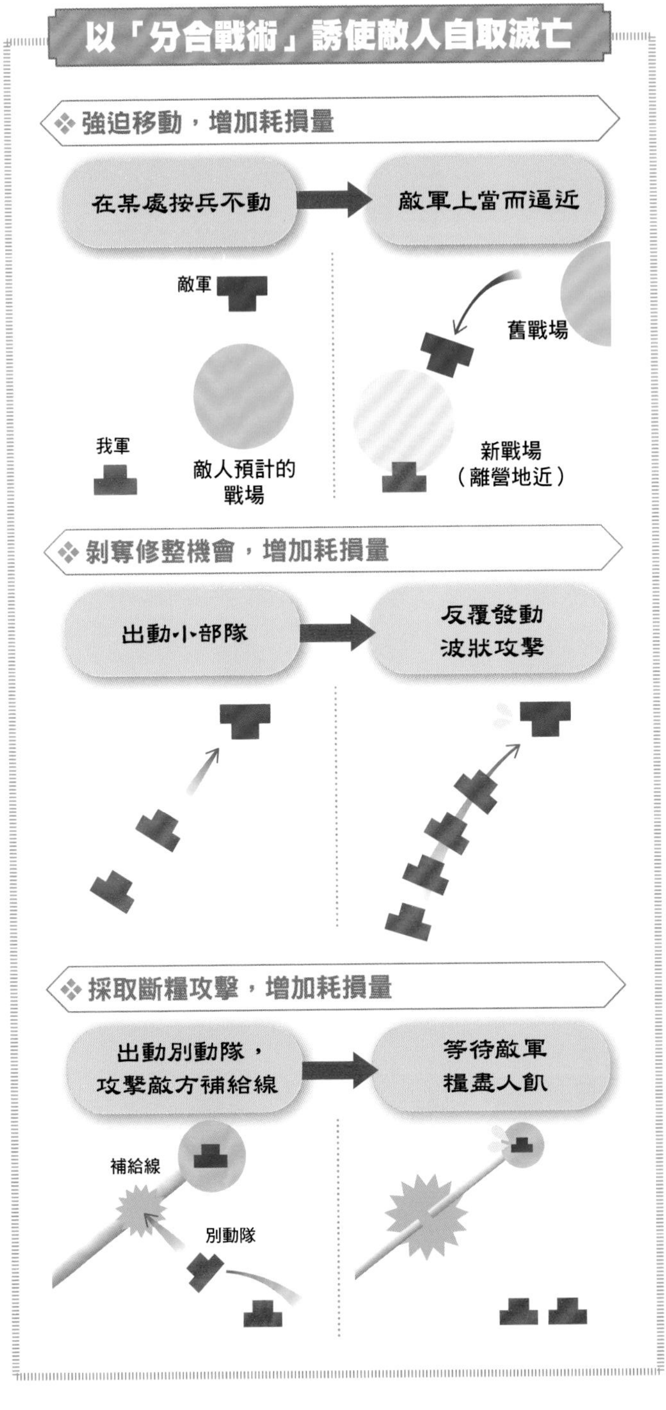

無邀正正之旗，無擊堂堂之陣，此治變者也。

文義

不去迎擊旗幟整齊的敵人，不去攻擊陣形嚴整的敵人。利用局面變化與敵作戰時，絕不能忘記這些判斷原則。

不適用「分合」的敵人

雖然「分合」戰術能夠挽救不利局面，但是卻絕非萬能。

前面所介紹的作戰方式（➡132～137頁），都是攻擊敵方心理或體力上的漏洞，如果敵方將領自制力超群，再加上麾下士兵各個訓練有素且士氣高昂，「分合」戰術恐怕無法帶來理想的成效。面對滴水不漏的敵人，使用「分合」也只是徒勞，甚至還有可能被抓到把柄，反而一敗塗地。

因此，我們必須迅速判斷當前情勢是否適合運用「分合」戰術。

判斷標準簡單易懂

首先，人才訓練及統率制度健全的組織，在機材管理或環境整備等人才以外的面向通常也都做得很徹底，看起來井然有序。孫子認為可以從對手的旗幟和陣形來判斷，而從現代的角度來看，就是據點的整頓程度與成員的服裝儀容等。

這些連第三者都能輕易觀察的外在指標，其實是非常重要的關鍵。就算未收到決策者下達的指令，軍隊領導人若能自行判斷作戰與否，就能避免無謀的決定。

一旦發現敵方毫無破綻，幾乎沒有挽救的機會時，就必須中止行動，等待戰況變化。故意不發起行動，其實和採取行動是一體兩面，同樣會對戰局產生影響。

孫子相當重視這種利用戰況（局面）變化的作戰方式，下一章會再詳細說明。

區分不適用「分合」戰術的敵人

「分合」戰術是造成敵軍混亂，不適用於統率制度萬全的敵人

「分合」戰術很難在領導人有自制力，且隊員訓練有素的組織上發揮效果。

❖ 如何確認統率制度是否萬全

成員們的動作乾淨俐落

據點整理得井然有序

此時……

使用「分合」戰術，只會造成我軍徒勞無功

靜待時機，等敵人露出破綻

軍爭篇 8

避免招致最壞的局面

高陵勿向，佯北勿從，圍師必闕。

文義

不能攻擊占據高地布陣的敵人，不能追擊假裝敗逃的敵人，包圍敵人時一定要留缺口。

局面變化的瞬間

孫子的戰術著重於戰況的變化，利用「變」在一瞬間分出勝負。「變」就是戰局改變的瞬間，也就是戰鬥「情勢改變」的瞬間，而攸關勝負的重要瞬間為「權」。積極創造「變」，便能在「權」的瞬間掌握主導權。

改變戰況的契機，取決於軍隊的狀態（由守轉攻、由正轉奇、虛與實、分與合），但孫子認為環境等外界因素也能夠引起「變」的要素。

全軍覆沒的徵兆

正確掌握戰鬥局面是基本戰術中的基本，一旦誤判就會面臨敗北。

領導人須避免會引起負面的「變」的局面。其中最糟糕的「變」，莫過於我方全軍覆沒。就算尚存一絲戰力也有機會力挽狂瀾，但若是全軍覆沒，就毫無翻身的機會了。

領導者務必謹記下列三種會導致軍隊全滅的局面。

第一種是無法逆轉不利條件的局面。例如身處地勢比敵軍還低時，諸如視野寬闊度等各種條件都對我軍不利，如果沒有能逆轉這些不利條件的手段，就絕對要避免陷入這種局面。

第二種是落入敵方圈套的局面。當我方的一舉一動都在敵方的掌控之下時，幾乎不可能挽回劣勢。

第三種是把敵人逼入絕境的局面。敵人面臨死亡威脅時，往往會做出超乎常理的舉動，導致我方難以應付。

避免招來「最壞的局面」

戰爭期間的「最糟情況」
是再也無法捲土重來。

最慘烈的情況是輸到失去所有挽救的機會

- 殲滅
- 俘虜

❖ 最壞局面的三大原因與對策

1 在無法逆轉不利條件之下戰鬥

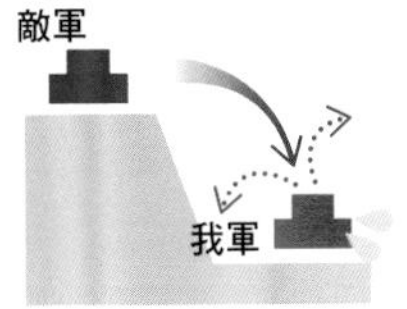

地勢有高低差

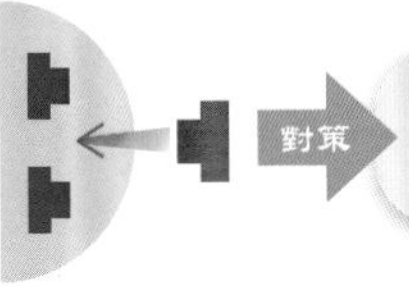
攻入主要據點

對策：不要接近對我方不利的地點

2 中了敵人的計謀

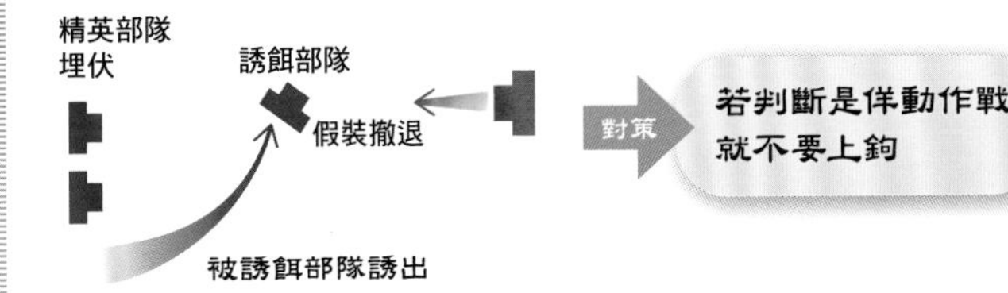

3 把敵人逼到狗急跳牆的絕境

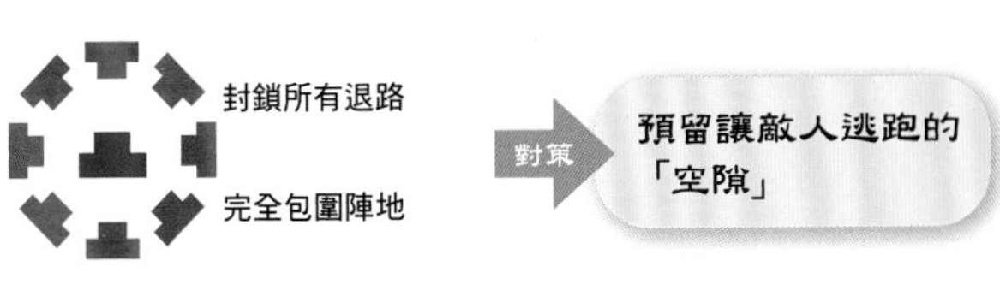

敵人會抱著必死的覺悟，頑強抵抗

稍微深入探討

不能犯的3×3禁忌

孫子提出三個會導致全軍覆沒的主要原因。

第一個原因，無視我軍正處於不利的地理條件。（高陵勿向，背丘勿逆；絕地無留）

第二個原因，中了敵軍佯動作戰的圈套，導致我軍陷入不利局面。（佯北勿從，銳卒勿攻，餌兵勿食）

第三個原因，我軍的有利條件壓倒性地勝過敵軍，反而激起敵軍的頑強鬥志。（歸師勿遏，圍師必闕，窮寇勿迫）

孫子針對這三個原因，分別舉出三個具體例子，告誡大家要注意危險行動。

❶ 不要踏入不利的地理環境中

實例1

高陵勿向

不得攻打所處地勢比我軍還要高的敵人。
＝敵人會利用高低差

實例2

背丘勿逆

不得攻打在山丘前布陣的敵人。
＝敵人隨時都能逃往高處

實例3

絕地無留

不得在敵陣中停留太長一段時間。
＝自軍無處可逃

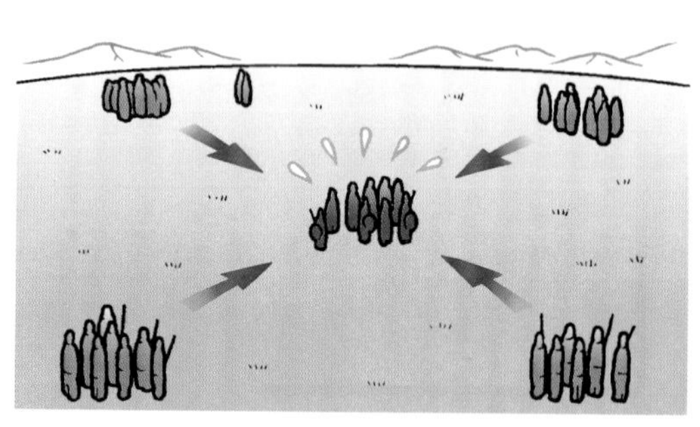

❷ 不要落入敵方的圈套

實例1

佯北勿從

不得追擊故意撤退的敵人。
＝會被引到不利的場所

實例2

銳卒勿攻

不得與氣勢旺盛的精英部隊交戰。
＝戰力不如人

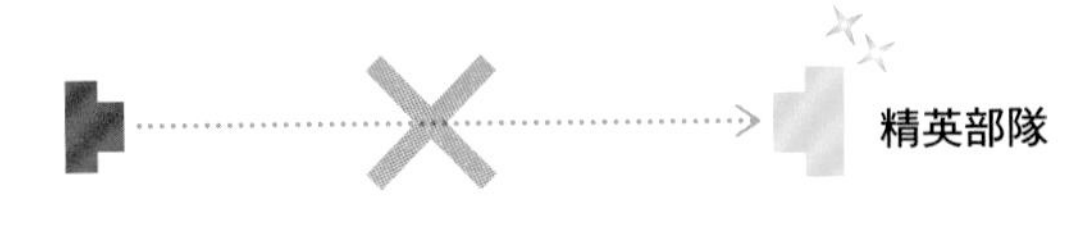

實例3

餌兵勿食

不得緊追敵方的誘餌部隊。
＝容易遭到夾擊

❸ 不要把敵人逼入絕境

實例1

歸師勿遏

不得阻止試圖撤退的敵人。
＝必定引發不必要的衝突

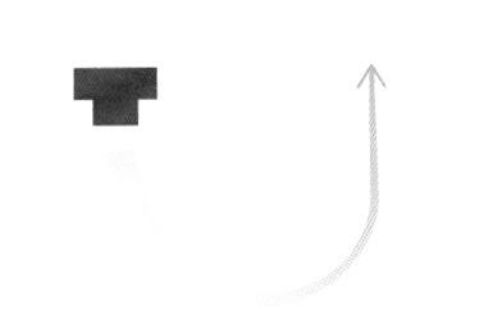

實例2

圍師必闕

即使團團包圍敵人，也一定要預留逃生路徑。
＝刻意留下缺口

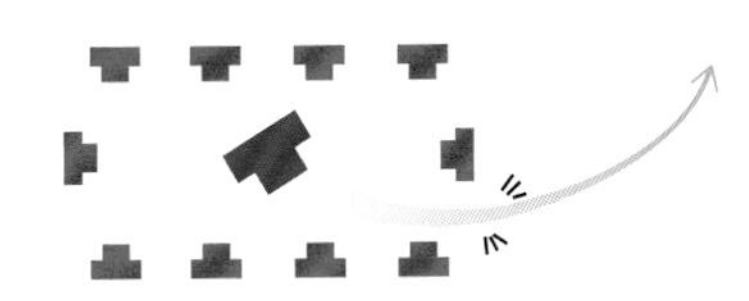

實例3

窮寇勿迫

不得對背水一戰的敵軍窮追猛打。
＝敵人會想辦法同歸於盡

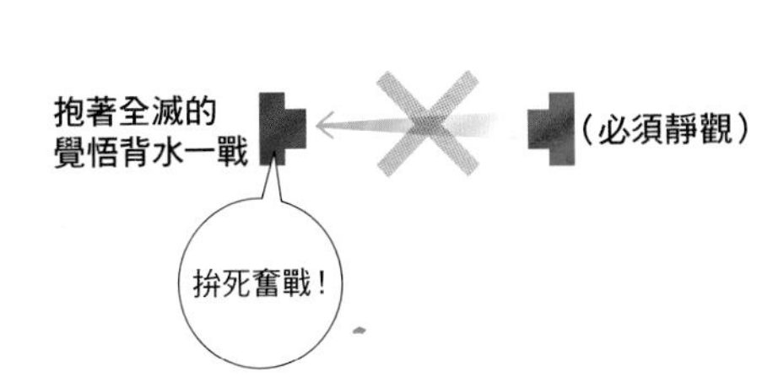

7 Column

日本最早出版的《孫子》

最早以印刷形式出版、而非手抄本的《孫子兵法》，出現在江戶幕府開府後沒多久的慶長11年（1606年），幕後推手正是首任將軍德川家康。

這一時期的兵書，便是將中國古代著名的7部兵書集合成冊，命名為《武經七書》發行，而《孫子》即收錄在最前面。

不過，《武經七書》並非家康最早印刷發行的兵書，舊題呂尚（太公望）所著的《六韜》、黃石公的《三略》，都比《武經七書》還早。

這幾本書在關原之戰前一年便已發行，而《孫子》發行的時間則是晚6年左右。順帶一提，家康也將這些兵書分贈給家臣們，試圖喚起部下啟發自我。

德川家康

8章

九變篇 逆境的兵法

敵地作戰的要點

「能做的事」與「該做的事」

途有所不由，
軍有所不擊，
城有所不攻，
地有所不爭，
君命有所不受。

文義

有些道路不能行軍，有些敵軍不能攻擊，有些城池不能占領，有些地域不能爭奪，有些君命不能接受。

應袖手旁觀的局面

戰場上會面臨許多不同的局面。必須留意哪些局面應該積極採取行動，哪些局面則應避免參與。

若是行動之後，能為我方增加有利條件，或是挽救不利狀況時，最好積極參與，想辦法引起「變」（＝戰爭趨勢改變的瞬間）。

不過，若是行動之後，反而會造成現狀惡化的話，最好什麼事都別做，袖手旁觀為佳。

也就是說，絕對不能將「能改變局面」的可能性，與「改變局面較好」的作戰目標混為一談。抱持「既然有能力，不如就出手」的心態，只是使作戰行動毫無意義，徒勞奔波罷了。

領導的責任，現場的責任

在戰爭過程中，領導人試圖強制引起「變」的例子多不勝數。因為在大多數情況下，領導人分不清自己和現場負責人的責任歸屬。

總歸來說，領導人負責綜觀大局，決定戰爭的方向；現場負責人則服從領導人的決定，指揮並調動現場。不過，遵循領導人給予的方向備戰，應付各種戰爭局面，卻是現場負責人的工作。

換句話說，領導人顧全大局，現場負責人處理小細節。

領導人和現場負責人分別完成自己的分內工作，只要能夠實現這點，即使現場負責人以「細節都交給我安排就好」為由，拒絕服從領導人下達的命令，戰爭依然會朝著領導人期望的方向發展。

將通於九變之利者，知用兵矣。將不通於九變之利者，雖知地形，不能得地之利矣。治兵不知九變之術，雖知五利，不能得人之用矣。

文義

將領明白依局面調整戰略方能占上風的道理，才是真正懂得用兵；將領不懂得隨機應變，就算熟悉地形，也無法發揮地利之便。若帶領軍隊卻不明白轉變局面的技巧，即使知道如何應對，也無法充分發揮軍隊的力量。

轉變局面才能獲利

行軍作戰時，會先遠離可能演變成糟糕形勢的因素（↓142頁），接著無視對我方毫無利益可言的設局（↓146頁），最後再利用眼下情勢，積極引起「變」。

可以說，取得勝利的契機就是產生「變」（＝戰爭趨勢改變的瞬間）的因素。換句話說，要等到「局面」出現變化的瞬間，才能趁勢引導戰局，為我軍帶來助益。

聰明利用「變」，正是獲得勝利的大原則。不明白此一原則的人，即便握有優秀的戰力和有利的條件，也無法充分發揮。

另一方面，即使是有利的一方，若不懂得活用，只在原地空轉拿不出對策，最終只會陷入夢魘般的持久戰。

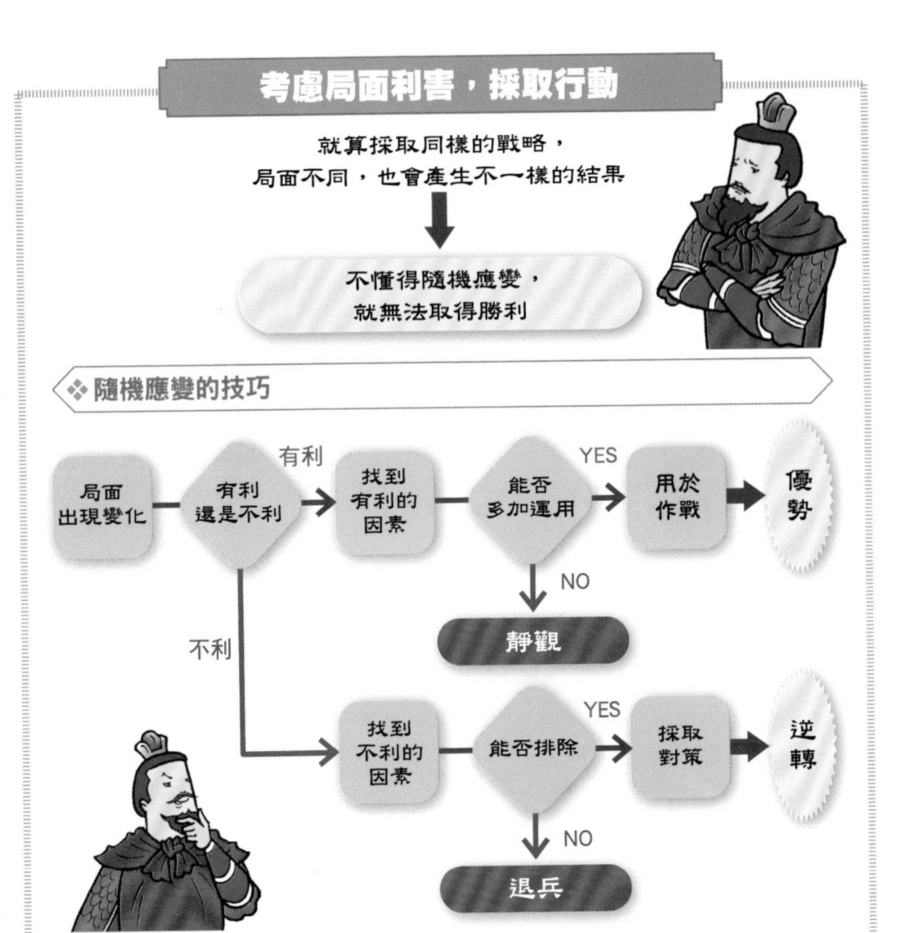

以有利和不利區分

從現場負責人的立場來看，懂得活用眼前局面、扭轉不利情勢，增加我軍的優勢，才算是盡到自身的職責。即使不打算出手，戰爭局面也無時無刻都在變化，負責人最終還是必須懂得如何隨機應變。

想要避免錯誤的應對方法，無論何時都能靈活以對，那麼負責人應該怎麼做才好呢？

首先要明白，眼前的局面是對我軍有利還是不利？接著尋找有利（或不利）的原因，並善加利用。

到目前為止，針對戰鬥局面隨機應變的方法已經大致介紹完畢。之所以說「大致」，是因為還有一個絕對不能缺少的關鍵步驟，留待下一個章節詳細說明。

九變篇 3

找出所有利害得失

是故智者之慮，必雜於利害，雜於利而務可信也，雜於害而患可解也。

文義

聰明的將領遇到狀況時，會仔細思慮利與害兩個面向。在面對有利條件的同時考慮到不利條件，就能順利完成大事；在面對不利條件的同時考慮到有利條件，就能解決禍患。

利與害，雙重考量

因應局勢隨機應變的第一步，是辨別出眼前的局面屬於有利還是不利，但這並不代表每種局面都能夠清楚地區分開來。

任何一種局面，必定同時存在利的部分（有利）與害的部分（不利）。只是當下某個面向特別突出，所以整體局面才會導向有利或不利。

此處應該特別留意，無論是利還是害，領導人都不能光憑當下眼見的一面，匆促決定應對方式，否則未察覺的隱憂可能會促使往後的局面出現意料之外的發展。

如果領導人只注意到利的部分，害的部分將成為阻礙，導致局面失控。相反地，如果只注意到害的部分，將無心思考解決對策。

若能同時檢討利與害，或許還能找

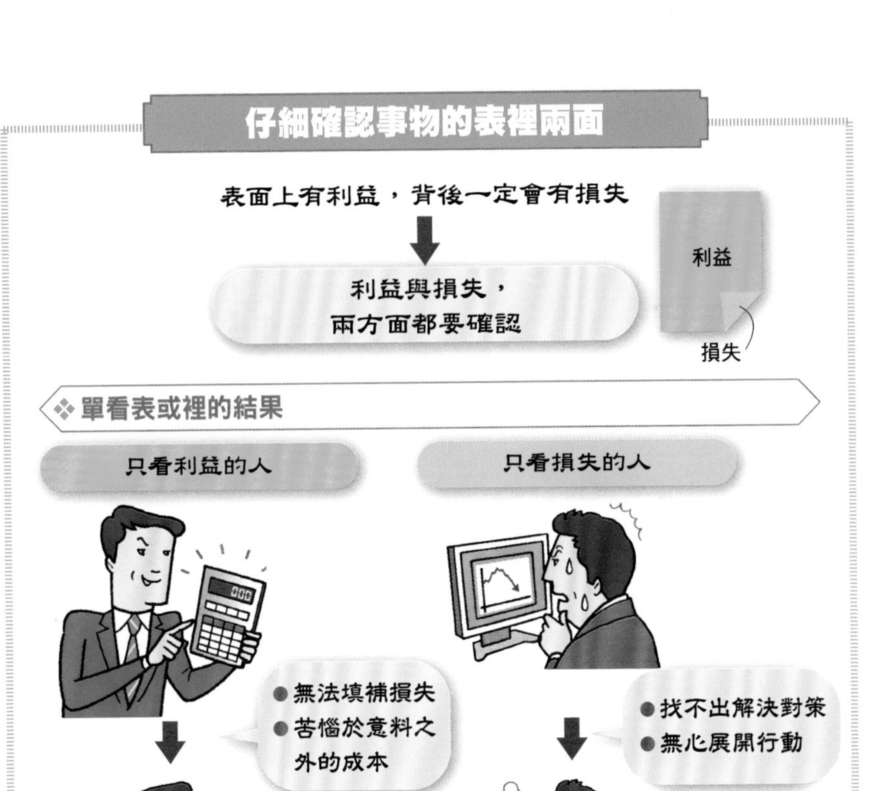

到活路；但若沒有檢討利的部分，就毫無思考對策的餘力了。

組織合適的對策

為了避免這類狀況發生，領導人將局面分成有利還是不利之後，還必須找出藏在其中的利與害，雙管齊下制定對策。

面對有利的局面時，先制定對策，鎖住害的部分，避免其影響擴大；接著再巧妙運用利的部分，就容易帶動起有利的「變」（＝戰爭趨勢改變的瞬間）。

面對不利的局面時，即使面對滴水不漏的敵人，也別忘了想辦法找出破綻，確保活路（➡110頁）。試著思考「能否將劣勢化為優勢」，尋求各種解決對策。

屈諸侯者以害，役諸侯者以業，趨諸侯者以利。

文義

為了消滅周邊諸侯的戰意，必須警戒對方即使介入戰爭也得不到利益；為了讓周邊諸侯增加無謂的花費，必須凸顯我方值得投資的魅力面；為了讓周邊諸侯轉向其他目標，必須強調利益，干擾其想法。

防止局面混亂

想要帶動局面發展，創造出取勝的契機時，最應該避免的情況就是場面混亂失控。最常見的代表例子便是周圍的敵人（諸侯）介入戰局。

第三者的介入，將使戰局出現天翻地覆的變化。不過，考慮到現實面，為了阻止第三者的行動而調動戰力防備未然時，也會導致我方的前線戰力隨之減少。

這個時候，可採取不投入戰力也能阻止第三者介入的作戰方式，也就是「無視利或害某一部分會造成不利」的法則（➡151頁）。

誘使敵人只注意表面

第一個作戰方式，是只展現出害的部分，澆滅敵人的戰鬥意願。向對方強調介入戰局只會遭遇危害，削弱其戰意，促使其中止計畫。

第二個作戰方式，是只展現出魅力四射的一面吸引敵人，使其承受看不見的負擔。例如強調某事業的魅力，誘使敵人出手，讓敵人誤以為「雖然需要投入成本，但不會造成犧牲」，促使其花費大量成本，自然毫無餘力介入我方戰局。

最後一個作戰方式，是強調其他利益，誘使敵人企圖贏得該利益，放棄介入我方戰局。

採取以上戰略時，如果能在神不知鬼不覺中埋入損失，讓敵人的利益與損失打平，那就更完美了。

阻止第三者介入，「雜於利害」之計

只要強調事物的表面，
第三者就容易忽視其反面。（➡P151）

可利用這些戰略

❖ 不費工夫阻止第三者介入的方法

1 只展現出損失 ——→ 使敵方失去戰意

2 只展現出魅力 ——→ 無視成本，財政疲弊

3 展現出其他利益 ——→ 使敵方為了獲得無意義的利益而奔走

用兵之法，無恃其不來，恃吾有以待之；無恃其不攻，恃吾有所不可攻也。

文義

用兵的原則是不能毫無根據地臆測「不會發生這種事」，而是仰賴「不怕事情發生」的萬全準備。不能抱持著「敵人不會攻擊此處」的僥倖心理，而是要依靠「絕對不會被敵人攻破」的堅固防禦。

可能性的一廂情願

就算採取了能避免第三者介入的三種作戰方式（⬇153頁），也不代表能夠完全阻止第三者介入戰局，頂多只能增長第三者「不介入」的可能性而已，而非可靠的防範對策。

即使目前尚無第三者介入戰局的徵兆，也無人能保證往後會持續風平浪靜，只能不斷默默祈禱「希望不要發生糟糕的事」。

一心仰賴不確實的可能性——這在《孫子兵法》中是絕對不能犯的大忌之一。那麼，我們究竟該建立哪些假設，做好準備呢？

接下來，我們便假定「第三者會介入」，準備好事前防範對策。

三個層面的對策

準備事前對策的基本

不能抱著「不會發生」的僥倖心理

準備好「發生也不怕」的防範對策

❖ 建立起三層對策防護網

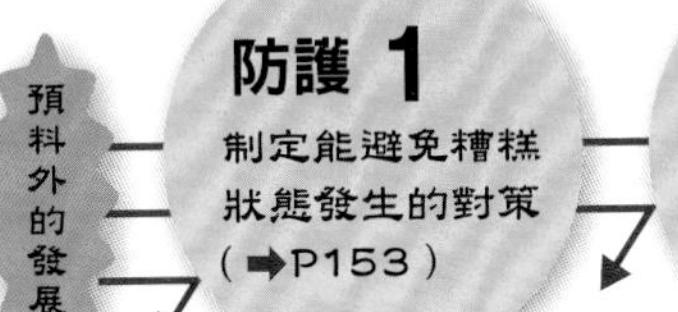

❖ 應優先準備好哪種對策？

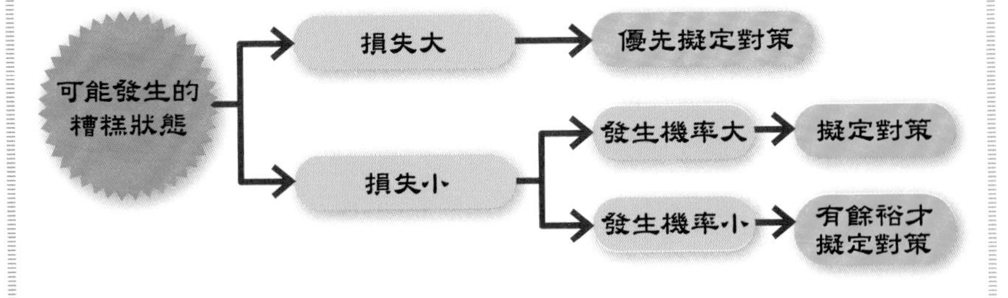

此類事前防範對策，基本上是由：「避免發生」（153頁的作戰方式即屬於此類）；「即使發生也要阻止」；「即使阻止不了，也要降低傷害」這三個層面組合而成。

不過，需要事前擬定對策的狀況相當多，因此如何安排優先順序也是一大重點。

而從現場領導人（將領）的角度來看，最需要極力避免的糟糕狀態即是戰況劇變、場面失控。因此領導人應該以最糟糕的事態為優先，從各個層面擬定因應對策。

定出優先順序後，接著估算出各種糟糕事態的發生機率及受損程度，再從相加數值較大的狀況開始，依序思考解決對策。

九變篇 6

領導人剛愎自用的危機

將有五危：必死可殺，必生可虜，忿速可侮，廉潔可辱，愛民可煩。

將領容易陷入五種風險：蠻勇無比不怕死，容易招致殺身之禍；貪生怕死，容易遭到俘虜；性情暴躁易怒，容易落入敵人的陷阱；過度自命清高，容易被敵人反將一軍；過度愛護士兵，能採取的作戰行動反而會受到限制。

「妄下定論」的可怕

任何局面本來就兼具利與害，因此現場領導人（將領）必須仰賴自己的經驗「洞悉局面」，判斷「事情的發展是有利還是不利」、「應重視有利面還是不利面」等等。

然而，如果領導人的觀念偏差，會發生什麼狀況呢？這時將領所下的判斷容易陷入偏頗，各種弊害也就會隨之而來。

第一個弊害，是不畏懼失敗。領導人不顧一切往前衝，容易丟掉自己的小命。

第二個弊害，是對現狀鑽牛角尖。領導人沒有殺出活路的勇氣，容易遭到俘虜。

第三個弊害，是感情用事，急於收穫成果。領導人性情急躁，不懂得洞悉局勢，容易掉入敵方的陷阱。

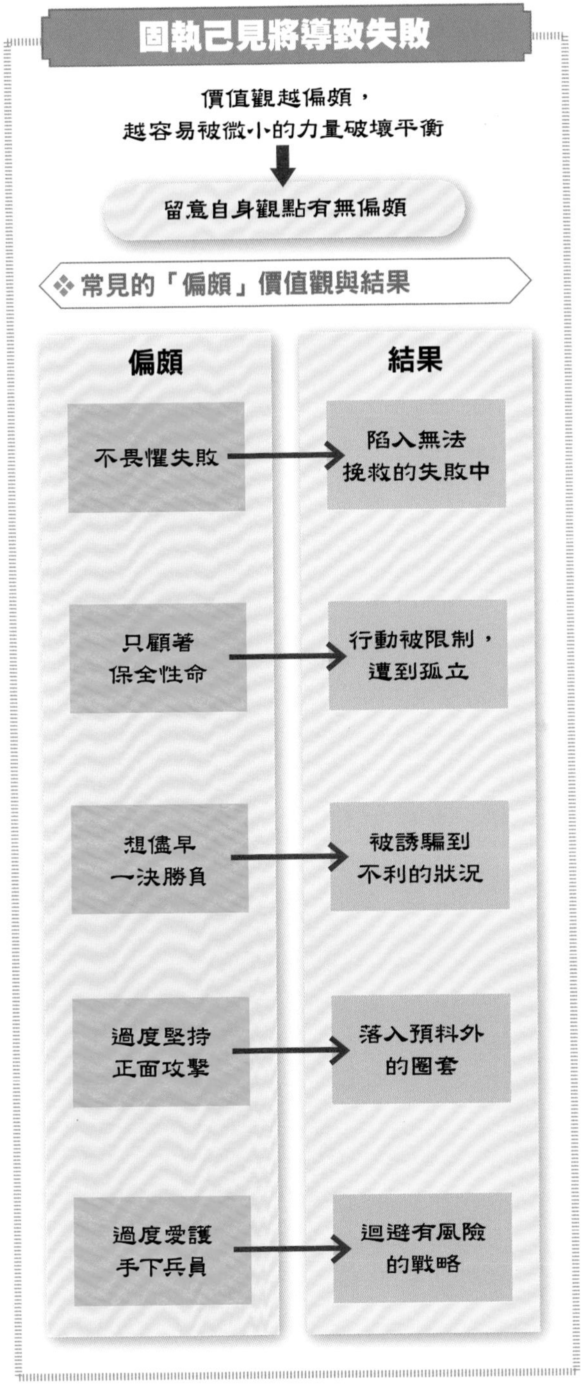

第四個弊害，是堅持正面攻擊。領導人不懂得隨機應變，容易遭敵人反將一軍。

第五個弊害，是太想保存戰力。戰爭必定伴隨著犧牲，這個弊害會造成領導人可運用的戰術受到侷限。

不要勉強改變局面

這些弊害的共通點都是事前妄下定論，只顧著「自己想採取的行動」，不管當下的實際局面，試圖扭轉局面來配合自己的行動。強行改變局面將造成漏洞，此時如果遭到敵人趁機攻擊，我軍便將面臨敗北。

局面只是一種可利用的手段，領導人絕對不能一廂情願，認定可藉此影響戰局。不違抗局面，活用其優勢才是打仗時的大原則。

固執己見將導致失敗

價值觀越偏頗，
越容易被微小的力量破壞平衡
↓
留意自身觀點有無偏頗

❖常見的「偏頗」價值觀與結果

偏頗	結果
不畏懼失敗 →	陷入無法挽救的失敗中
只顧著保全性命 →	行動被限制，遭到孤立
想儘早一決勝負 →	被誘騙到不利的狀況
過度堅持正面攻擊 →	落入預料外的圈套
過度愛護手下兵員 →	迴避有風險的戰略

8 Column

從「虛」中找出「實」史達林格勒戰役

第二次世界大戰期間，從1942年7月爆發的史達林格勒戰役，持續延燒了約7個月，其中蘇聯軍便是利用如同《孫子兵法》中的「虛實」與「分合」戰術。

面對德國的25萬大軍，蘇聯軍將19萬兵力編成每隊6～8人的突擊隊應戰，這種作戰方式在打城鎮戰時非常有利。蘇聯軍同時於突擊隊後方安排後援的支援隊與預備隊，也得到絕佳的成效。由於德軍只顧著攻擊城鎮，因此蘇聯軍得以集中防禦戰力，與兵力占上風的德軍互相抗衡。

蘇聯軍趁城鎮裡的士兵拖住德軍的腳步時，祕密出動其他隊伍繞到德軍背後，成功反包圍。至於德軍方面，希特勒下達了「不得後退」的命令，即使戰況不利，士兵們也得服從，導致德軍戰力不斷損失，最終舉白旗投降。最終投降時，德軍兵力只剩下不到10萬人。

在史達林格勒市區戰鬥的蘇聯士兵。

9章

行軍篇 分析的兵法

【洞察當下情勢】

行軍篇 1

確認據點「安全」與否

絕山依谷，
視生處高，
戰隆無登，
此處山之軍也。

文義

欲通過山地時，必須沿著山谷前進。為了確保視野，必須駐紮在高地。與占領高地的敵人戰鬥時，不要向高處進攻，而是將敵人引到山腳下。這些都是以山地為據點時的行軍原則。

安全為最優先

行軍打仗的首要原則，莫過於「利用千變萬化的局面，獲得勝利」(⬇第8章)。

但具體來說，每一種局面需要重視的層面總共有哪些？又要如何分析情勢、加以對應才好呢？這時候就先從「選擇據點」(包含移動路線)來檢視吧。

選擇據點時，必須考量的重點是「現在所處的位置，是否為合適的據點」，亦即優先考慮的要素為「安全性」。據點安全與否，將對往後的局面造成影響。

確保最低限度的安全

不過，所謂的「安全」，確切來說是怎麼樣的狀態呢？

首先是據點位置不會被敵人看穿我放動向。只要能夠完美隱藏動向，就不怕敵人識破我方的攻守狀態，還能占據難攻易守的地理優勢，有效迴避奇襲。

再來是確保據點視野寬廣。提早確認敵人的動向，就有充裕的時間尋求解決對策。

接著是據點地面平坦、方便移動。無論之後情勢如何改變，都能迅速反應、積極應對。

最後還有隨時確保糧食，且環境能夠維持身體機能保持在健康狀態。這兩點是維持戰力的關鍵。

只要據點安全無虞，即使面臨嚴重事態，也能避免全軍覆沒。像這樣確保最低限度的安全，應付其他局面時也會更游刃有餘。

確保據點的安全

除了自己的據點，
任何場所都不可能100%安全。

↓

要以確保據點安全為最優先考量

❖ 確保據點安全的五原則

難攻易守

確保糧食無虞

地面平坦，容易移動

視野遼闊清楚

兵卒維持健康

行軍篇 2

找出環境埋伏的「陷阱」

凡地有絕澗、天井、天牢、天羅、天陷、天隙，必亟去之，勿近也。吾遠之，敵近之；吾迎之，敵背之。

文義

凡通過地勢落差極大的地形，必須迅速離開，不要接近。我軍應遠離天險，並誘使敵軍靠近這些地形；我軍應面向這些地形布陣，迫使敵人不得不落入險境。

受限於地形的危機

確保據點的安全之後，接著還要確認周邊有無危險。所謂的「危險」，具體來說有下述情境。

首先是不利於迅速移動的情況。面臨重重阻礙、行動遭限制，或是移動路徑大幅受限的場所，皆屬於此類。若不幸遇上這些危機，不僅對敵人有利，我方亦無法確保逃生路徑。

再來是出現視野死角的情況。無法確認敵人的動向，就相當於無法觀察整體局面。

不過，為什麼孫子只呼籲大家遠離危險，而非積極將這些危機排除呢？因為只要善加利用這些環境條件，就能將敵人逼入險境。

比如說，當我軍待在能清楚看見危險地形的位置，進逼敵軍，讓敵人在不熟悉環境之下主動撤退進入其中，反而陷入更為不利的情勢。

但同樣地，敵人也有可能會採取相同的手段，確保自身安全並且利用危險地形，因此我方也有必要思考因應的對策。

敵人身處安全還是危險

面對身處安全地帶的敵軍，即使發動攻擊也注定無功而返。因此只要觀察敵軍有無展開行動，就能間接確認該據點是否安全。

此外，敵軍若試圖迫使我軍移動，很可能是想將我軍引誘到危險場所，必須特別小心這類陰謀。

迴避危險地形

即使目前身處安全場所，但若周遭地形崎嶇，也會帶來風險。

↓

確保安全的棲身之所後，立刻制定對策，迴避潛在的風險

❖ 危險地形有哪些？

有掉落的可能

活動受限

敵人容易占據高地（有利的地勢）

死角多

↓

布陣時，可利用地形戰略

不利的地形

追趕敵人，把敵人逼入危險地形

稍微深入探討

【依地形區分】安全場所與危險場所

行軍打仗，首要關鍵就是辨別安全和危險的場所。

有利且安全的場所與位置

山　行經山地時

在山腳戰鬥（敵人位於高地時）

在山谷行軍

在高地布陣

川　接近河川時

下流優於上流

從高處攻擊河裡的敵人

渡河後立刻遠離河川

沼澤　通過沼澤時

背對森林

確保食糧

必須立刻遠離

平地　在平地布陣時

墊高背後防禦

山丘位在右後方

地面容易行動

危險的場所

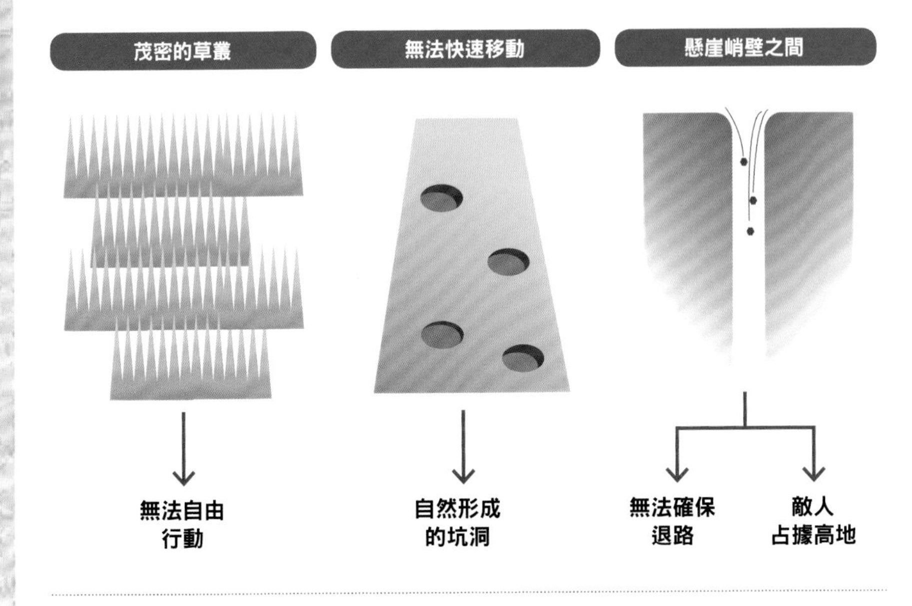

【危險的地形】軍隊容易遇到危險，最好遠離這些地方
茂密的草叢
無法快速移動
懸崖峭壁之間
無法自由行動
自然形成的坑洞
無法確保退路
敵人占據高地

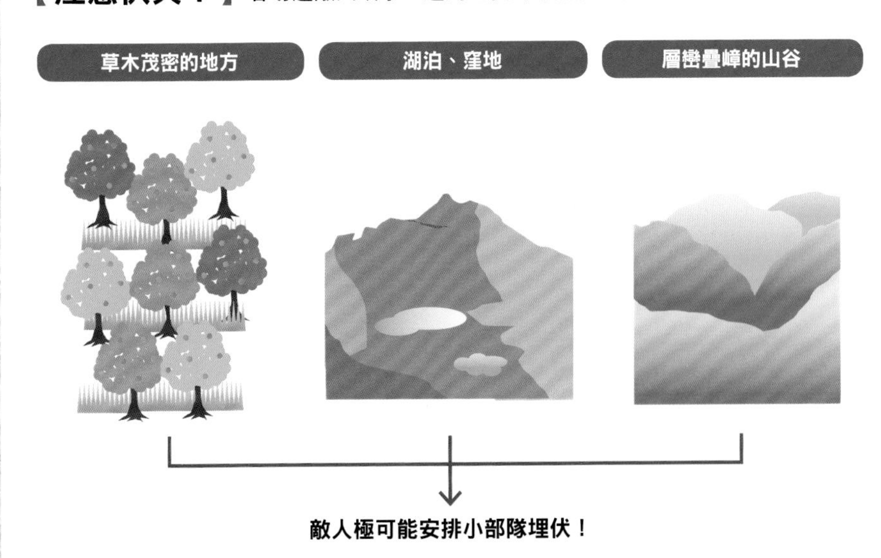

【注意伏兵！】容易遭敵人攻擊，遇到埋伏的可能性也很高
草木茂密的地方
湖泊、窪地
層巒疊嶂的山谷
敵人極可能安排小部隊埋伏！

辭卑而益備者，進也；辭強而進驅者，退也。

文義

敵方派來的使者態度謙卑，然而軍隊卻鞏固防守，其實正是預備攻擊；敵人的使者態度強硬，軍隊的前線部隊逼近，其實卻是已經準備撤退了。

藏在異變中的情報

敵我雙方一旦進入臨戰狀態，局面也會隨之變化，難以預料未來走勢。

當局面發生變化時，必定會伴隨某種異變。因此只要掌握異變的徵兆，就能明白當下處於什麼樣的情勢，以便迅速對應。

戰爭是人與人之間為屈服對方而展開的鬥爭行為，當局面轉變時，人的動向也會改變。由此可知，只要懂得觀察對手的言行舉止，就有辦法看出徵兆。

不過，所謂的徵兆，也不過是「A發生時，經常會出現B」這類統計性質的參考方向，不代表事態變化絕對一模一樣，因此也必須想好預測失準時的應對方法。

表裡目的不見得一致

現在敵人表現出的行為，是基於真實想法，還是背後有其他計謀的佯動作戰？這是前線指揮官最常考量的問題。

孫子在此便指出，比較當前戰況與敵人表態，確認有無矛盾之處，便有助於看穿敵人的陰謀。

假若當前戰況明明是敵人占上風，但敵人的態度卻謙卑有禮，還增加防

陰謀的徵兆

從敵人的行動與戰況是否一致，看穿真正目標。

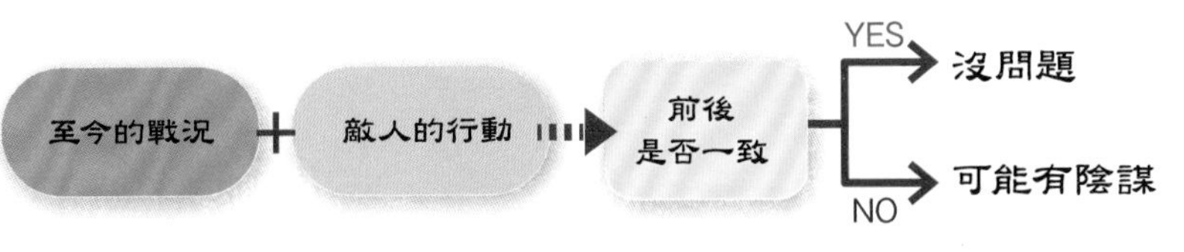

❖ 洞悉陰謀的要點

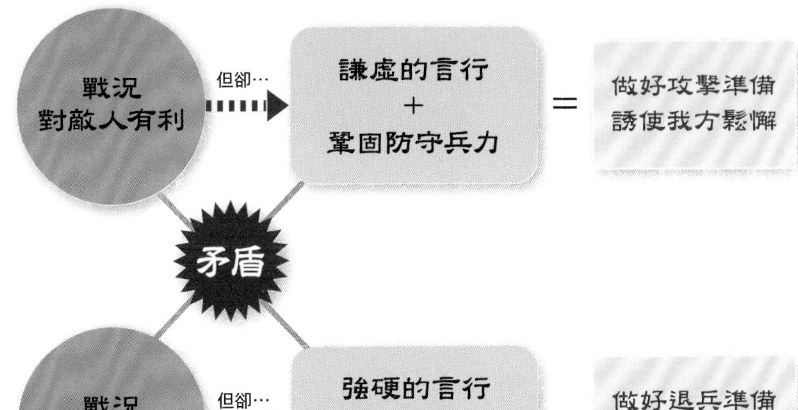

守的兵力，表現出「守」的傾向，這就明顯矛盾了。

同樣的道理，當前戰況是敵人處於劣勢，但敵人的態度卻驕傲自大，還增加前線的兵力，表現出「攻」的傾向，這也是個明顯的矛盾。

如果敵人表現出的態度、行動與實際狀況互相矛盾，即代表背後可能有其他企圖。這些矛盾通常潛藏陰謀，此時最好判斷「敵人隨後會採取完全相反的行動」。

那麼，為什麼敵人的態度會出現矛盾呢？稍微思考過後，不難推導出最有可能的原因就是敵人另有陰謀。但這個步驟最重要的是我們必須先分析再判斷。

敵人的行動是否合乎常理？若有矛盾之處，是否有合理的說明？從這兩點全面觀察局勢，應該就能看出陰謀的徵兆。

行軍篇 4

敵人「走投無路」的前兆

見利而不進者，勞也；吏怒者，倦也；軍無懸瓶，而不返其舍者，窮寇也。

文義

敵人見到有利可趁而不進兵爭奪，是疲勞至極的表現；敵方的官吏急躁易怒，是全軍疲憊厭戰的表現；士兵懸置炊具、不返回營房，代表已經走投無路，準備拚命一搏。

自取滅亡的徵兆

在敵我雙方交戰的過程中，有些局面我方最好採取袖手旁觀的因應對策（⬇146頁）。最具代表性的例子之一，就是等待敵方內部出現混亂，走向自取滅亡的道路。

此時只要靜觀其變，等敵方內部的矛盾越演越烈，再趁機引起「變」（＝戰爭趨勢改變的瞬間），就能不費吹灰之力取得勝利。

只要敵方陣營出現以下兩個嚴重的問題，便容易招致滅亡。分別是戰力喪失，以及士氣喪失兩種情形。

只要觀察敵方據點內的士兵（現場成員）的狀態，就能看出敵人是不是正面臨走投無路的境況。在陣營裡發生的種種問題，都會對內部成員造成身心壓力，而這些壓力也會透過行為表現出來。

喪失戰力與士氣

我們能從成員單獨活動時的行動，觀察出喪失戰力的徵兆。當體力流失時，行動敏捷度降低，而食慾等維持

洞悉組織內的不穩定因素

成員（士兵等）的行動
容易受到身體及精神雙方面的壓力影響。

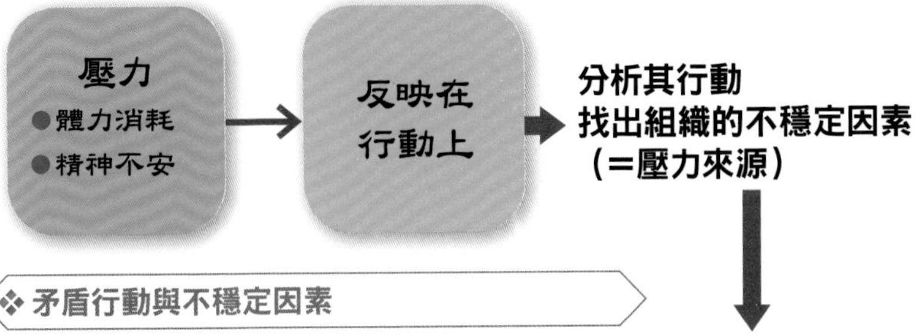

壓力
● 體力消耗
● 精神不安

→ 反映在行動上

→ 分析其行動
找出組織的不穩定因素
（＝壓力來源）

❖ 矛盾行動與不穩定因素

成員的行動	原因	不穩定因素
對眼前利益不為所動	慾望衰退	精神消耗、士氣消沉
經常私下聊天或偷懶	統率制度不能落實	領導人的權力低落
經常口頭抱怨或擔心	對未來感到徬徨不安	領導人毫無對策
中間立場的人不高興	部下未依指令行動	組織士氣消沉
突然有大動作	得知已經喪失希望	抱著必死的覺悟攻擊

生命的生理需求相形之下顯得更加迫切，因此即使有利益擺在眼前，也會因為無法分神顧及這些身外之物，而不願積極進取。

另外，我們也能從成員在組織活動時的行動，看出喪失士氣的徵兆。當團體行動時，成員動作不一致，或是組織紀律混亂的話，中間幹部容易對不遵守指示的部下大發怒氣。

深入觀察這些徵兆，找出壓力的源頭。接著只要從旁搧風點火，讓問題越演越烈，就能加快敵人自取滅亡的腳步。

不過，萬一發現敵方最後採取不惜失去大量的貴重資源、與自殺無異的行動時，我方最好立刻鞏固防守或是果斷撤退。因為這可能是敵方自暴自棄，打算與我方同歸於盡而賭命進攻的危險徵兆。

諄諄翕翕，徐與人言者，失眾也；數賞者，窘也；數罰者，困也；先暴而後畏其眾者，不精之至也。

文義

將領講話低聲下氣又溫吞，代表他喪失士兵的信賴；將領不斷犒賞士兵，代表他沒有其餘可行辦法；將領不斷懲處士兵，代表他陷入困境；將領先粗暴對待士兵後再試圖挽回，代表他無法做出明確的判斷。

解讀敵將的弱點

統率士兵是現場執行人（將領）的責任，一旦統率不當，就會使我方產生「虛」。

但是另一方面，若是發現敵將有失去統率力的徵兆，代表敵方極有可能正處於「虛」。此時正是我方的絕佳時機，趁隙攻擊敵方的「虛」，順利戰勝敵人。

為了搶得先機，我們可以從將領對待部屬的態度，洞悉其統率力降低的徵兆。

自信盡失的末路

這個時候的觀察重點之一，就是將領下達命令時的口氣。

將領是前線權力最大的人物，想當然應該用命令的語氣傳達主張，彰顯

命令與賞罰，統率力降低的表徵

**觀察領導人對下屬的態度變化，
就能看穿該組織的內部真相。**

1 命令語氣特別客氣

領導人的意圖……希望成員能尊敬包容

組織為何鬆散……失去成員的信賴

2 一味給予獎賞

領導人的意圖……振奮成員，更加積極

組織為何鬆散……成員士氣不振

3 時常祭出懲處

領導人的意圖……勉強成員達成目標

組織為何鬆散……成員體力已瀕臨極限

4 態度飄忽不定

領導人的意圖……不知道該用什麼態度

組織為何鬆散……領導人喪失判斷力

其相對於部屬的上級地位。可是如果將領低聲下氣地跟部下重複說明，或是用畏畏縮縮的不安語氣講話，勢必將失去下屬的信賴，而這也是將領未握有權力的證據。

第二個觀察重點，則是將領對部下的賞罰方式。

將領一味犒賞部下，是希望提振部屬的精神，以正面積極的態度回饋，然而卻也暗示此時士氣一蹶不振。

相反地，將領時常無故懲處部下，則是因為已經無法靠精神喊話來提升士氣，這也說明了此時軍隊的體力已經疲乏透支。

此外，如果將領粗暴對待部下後又試圖討好部下，應對方式沒有規則可循，則代表將領已經失去判斷能力，無法決定今後的動向。當將領不信任自身的判斷時，距離敗北也已經相去不遠了。

來委謝者，欲休息也。兵怒而相迎，久而不合，又不相去，必謹察之。

文義

敵方派使者送禮言好，代表想暫時休兵息戰；敵軍激昂突進，但久不交鋒又不撤退，背後必定有計謀，必須謹慎觀察，發覺其企圖。

判斷交涉的可能性

在敵我交戰過程中，有些局面需要靠武力互別苗頭，有些局面則是需要想辦法尋求交涉空間。

尤其是當我方握有大量優勢時，若敵方要求交涉，最好如其所願，並提出對我方有利的條件，直接結束戰事，才能確保「全」的作戰方針（減少敵人受到的傷害，使我方收穫更多利益➡62頁），收穫更多利益。

除此之外，當敵人要求與我方交涉時，我們也能夠從對方的態度，看出其意願和徵兆。

在當前局面尚未明朗，無法確定勝敗的階段，如果敵方攜帶禮物前來拜訪，為先前的無禮行為賠罪，就代表敵方的用意是希望我方讓步。這是敵人試圖透過交涉的手段，尋求暫時休戰的證據。

謀求交涉的心理暗示

從敵人的態度來觀察是否有交涉的意願，其實與判斷背後有無陰謀的例子類似（➡166頁）。如果此時敵人的態度與戰況並無矛盾，也提出禮物及賠罪等「尋求讓步的具體措施」，這便是敵人謀求交涉的明顯徵兆。

即使敵我雙方沒有直接接觸，有時也能從軍隊的動向看出交涉的意圖。

例如敵軍展現出銳不可擋的氣勢，但不攻擊也不撤退，正是「雖然還能繼續戰鬥，但已無心交戰」的暗示。

不過，前述情形也有可能是敵人製造的假象，因此仍然必須謹慎以對。

交涉的時機與可能性

敵人在戰時表現出的交涉與行動，背後必定有其他企圖，我們必須識破敵人的企圖。

❖交戰期間前來賠罪

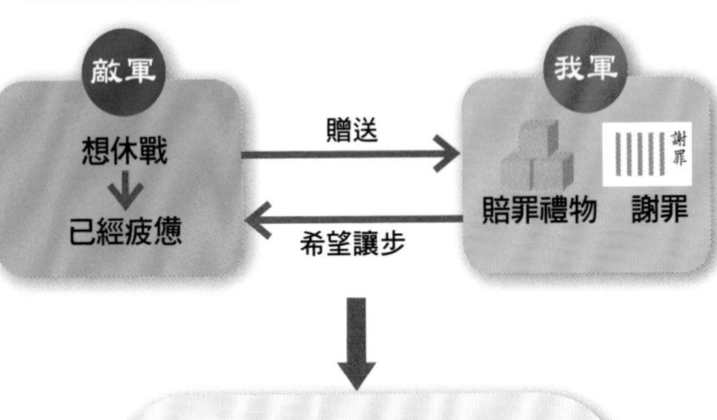

❖敵人的行動矛盾

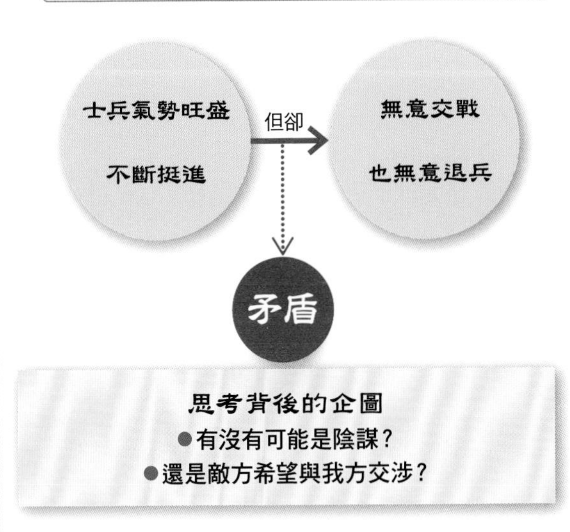

稍微深入探討

從自然現象與陣形前線看穿敵人的作戰策略

我們也能透過自然環境和前線動向，判斷敵人的作戰方式。

自然現象 ❶

〈特別留意的現象〉		〈敵方行動〉
草木騷動	→	敵人軍隊逼近
動物奔走	→	敵人發動奇襲
草量比周圍還多	→	懷疑有伏兵，試圖改變行軍路線
鳥群聚在營地	→	該營地已經無人
鳥群飛起	→	下方有伏兵

自然現象 ❷

〈沙塵的模樣 ❶〉

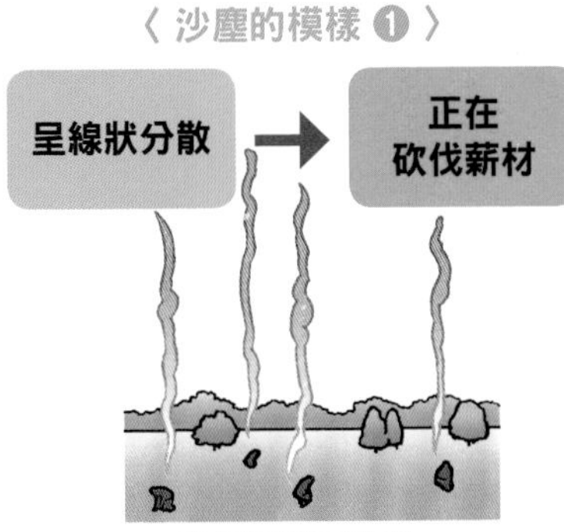

能看見數團沙塵

〈沙塵的模樣 ❷〉

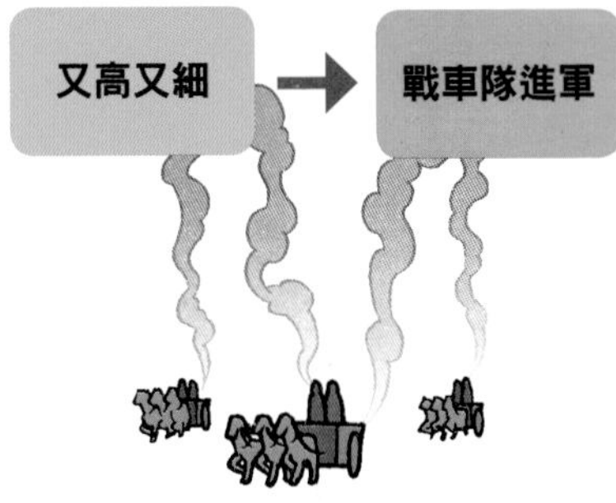

速度快，但數量有限

〈沙塵的模樣 ❸〉

沙塵不斷移動

〈沙塵的模樣 ❹〉

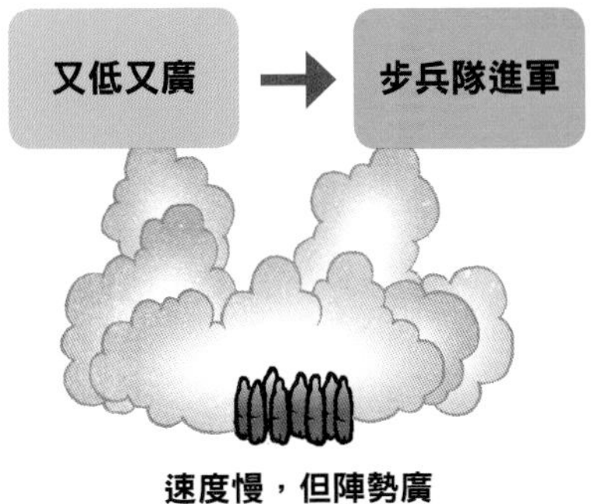

速度慢，但陣勢廣

前線動向

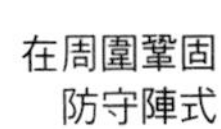

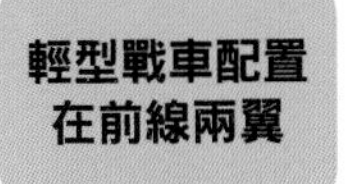

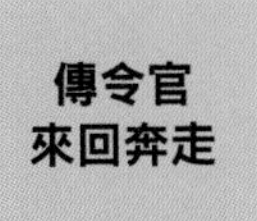

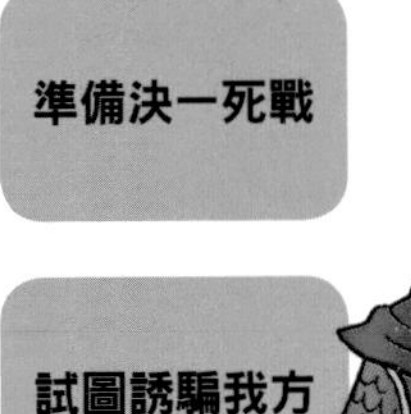

進軍到一半
突然停止動作
並調頭

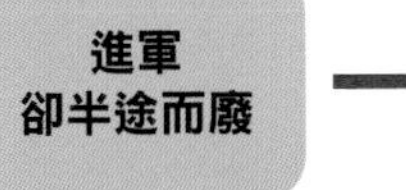

試圖誘騙我方

不可過度自信「人數優勢」

兵非貴益多，惟無武進，足以併力、料敵、取人而已。夫惟無慮而易敵者，必擒於人。

文義

打仗不在於兵力越多越好，只要手中的兵力不輕敵冒進，能夠集中兵力、判明敵情，就足以戰勝敵人了。既無深謀遠慮而又輕敵的將領，必定會被敵人俘虜。

妥善運用人數的力量

孫子曾經提過，能夠確實贏得勝利的方法之一，即是以壓倒性的兵力取勝（➡68頁）。

但是若將領不懂得妥善運用人數上的優勢，恐怕最後就連原本該有的力量也無法發揮萬全。不僅如此，過度相信自軍戰力的人，往往也注定走向敗北一途。

將領一手掌握戰場前線的大權，難免會過於仰賴兵力數量和士氣，無法放眼全局，匆促決定作戰計畫，貿然進軍，但其實這是應該要極力避免的行為。

那麼，我們要如何妥善運用人數的力量呢？

主要方法是不輕易發動攻擊，集中戰力，並仔細調查敵方的戰力。

導致敗北的禍根

將領想避免發起無意義的攻擊，就必須謹慎斟酌攻擊時機；想有效集中戰力，就必須小心挑選攻擊目標；想精準判斷出敵人的戰力，就必須仔細觀察其動向。如果將領沒有掌握整體局面，就不可能辦到這些事。

優秀的作戰策略，能夠使軍隊發揮百分之百的力量，而要達到此目的，就必須分析局面，並且最大限度地利用整體局勢。

過度依賴人數力量的將領，不管面臨怎麼樣的局面，都會輕率認定能取勝，而經常跳過客觀分析，直接發動攻勢。如此一來，反而容易遭敵人操弄，走向敗北之路。

有效發揮人數優勢

即使擁有遠勝敵人的戰力，若不懂得有效活用，依然可能飲恨。

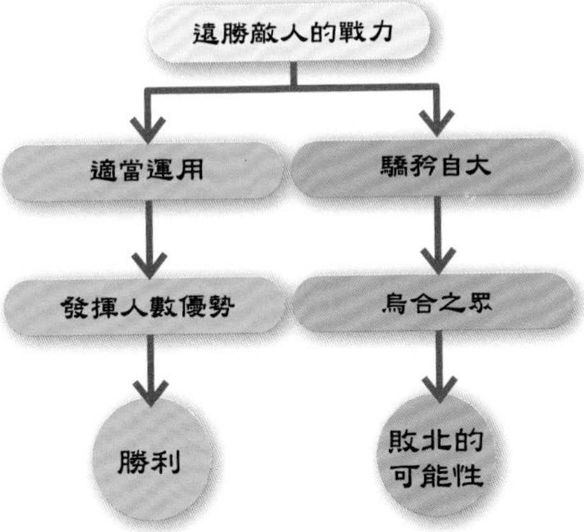

遠勝敵人的戰力
→ 適當運用 → 發揮人數優勢 → 勝利
→ 驕矜自大 → 烏合之眾 → 敗北的可能性

❖ 妥善運用人數的力量

形：謹慎斟酌攻擊時機

勢：集結組織全力於一處

虛實：觀察敵人的動靜，趁隙攻擊

有效運用「賞罰」制度

卒未親附而罰之，則不服，
不服則難用。
卒已親附而罰不行，
則不可用。
故合之以文，齊之以武。

文義

將領尚未取得士卒的信任與擁戴就貿然懲處，士卒不會服從命令，不願按照指示行動。將領已經得到士卒的信任與愛戴，卻不執行軍法，士卒會驕傲自滿，這樣的軍隊也無法派上戰場。為將者，要以文德整頓軍隊，以武德規範軍隊行動。

保持心理距離感

為了使軍隊發揮完整的力量，除了要留意「不得無意義地攻擊」、「集中力量」、「調查敵方戰力」幾項要點以外，還有一件重要的事情，就是現場領導人（將領）必須要能有效約束麾下成員（士兵）。

而要約束組織，便必須從心理面和紀律面雙管齊下。

從心理面來看，將領與士兵的關係疏遠，無法產生忠誠心，士兵將無視將領的命令。但若將領與士兵的關係太過密切，士兵反而會爬到將領的頭上，同樣不願服從命令。

此時應留意的是，將領與部下的心理距離感，不是光靠獎賞、寬容態度等加強親密度的手段維持，還必須同時靠懲罰、嚴格態度等嚴厲手段，才有辦法適當拿捏。

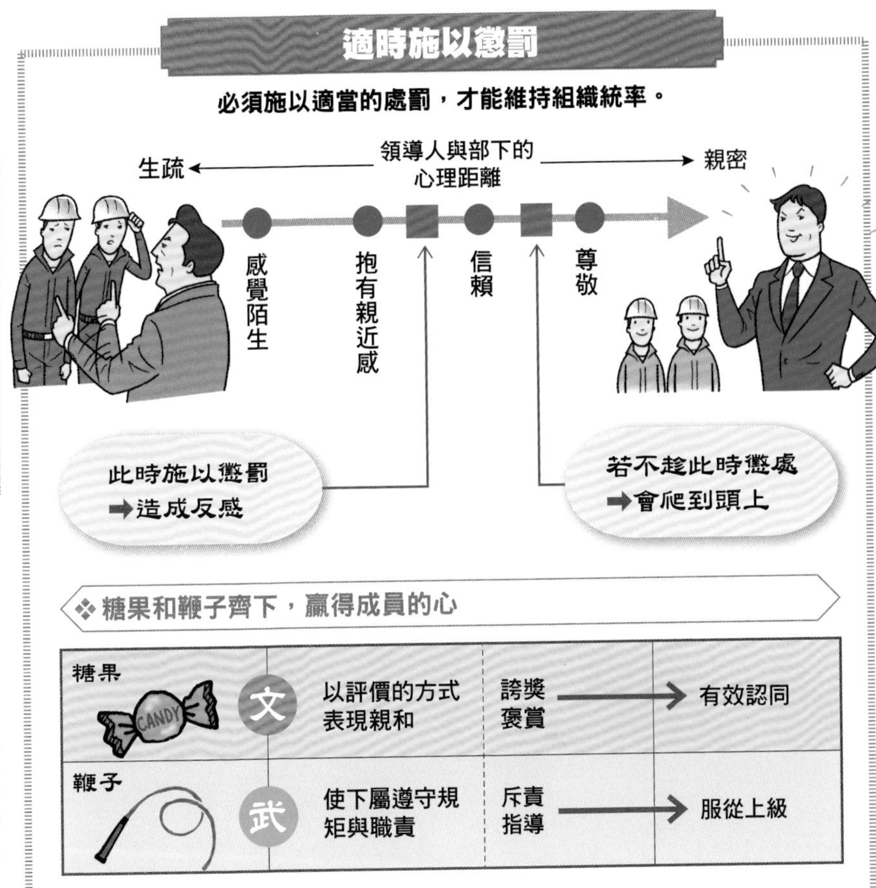

糖果	文	以評價的方式表現親和	誇獎 褒賞	→ 有效認同
鞭子	武	使下屬遵守規矩與職責	斥責 指導	→ 服從上級

軟硬兼施的手腕

在部下對自己還陌生時，最好採用零距離的親密接觸方式；等熟悉到一定程度後，再改用保持距離的嚴厲接觸方式，使部下對上位者產生信賴與尊敬。

即使往後團隊被迫面對高風險作戰（➡202頁），伴隨著信賴與尊敬而生的忠誠心，也將成為極大的武器。

從紀律面來看，從平常就應該做好賞罰分明，讓成員明白「遵守規矩就能得到獎賞」。只要灌輸成員這種想法，無論面對任何局面，成員都會服從上級的命令。

9 Column

孫子與騎兵

前面解說了透過沙塵識破軍隊隊形的方法（➡P174）。雖然內容中有提到戰車隊與步兵隊，卻沒有任何關於騎兵隊的記述，主要是因為在孫子活躍的時代，尚未有騎兵存在。

當西域騎馬的游牧民族遷入內域的期間，中原民族也開始編制騎兵。當時約為西元前307年，已經距離孫子逝世相當久遠了。

這一年，趙國的武靈王為了對抗長期襲擊國內的遊牧民族，親自學會騎馬打仗。司馬遷便在《史記》中記載了「胡服騎射」這段故事。

在狹窄地域的陣形。基本隊形為5騎橫向排一列，前後共6列。

10 章

地形篇 賢將的兵法

【領導人應擇道而行】

夫地形者，兵之助也。
料敵制勝，
計險阨遠近，上將之道也。
知此而用戰者，必勝；
不知此而用戰者，必敗。

文義

懂得善用地形的將領，能將戰局帶往有利的方向。正確判斷敵情，增加勝算，掌握戰地的地形起伏與距離遠近，皆是握有全軍指揮大權的將領之責。將領瞭解地形並善加運用，必定勝利；將領不瞭解這些道理而貿然作戰，必定失敗。

擬定作戰模式

戰爭情勢無時無刻都在變化，因此將領必須學會隨機應變。不想聽天由命走一步算一步的將領，更要懂得活用過去的實例。

雖然戰鬥局面千變萬化，但其中一定也有不少過去曾出現的類似情形。當我們面對這類相似局面時，經驗就成為掌握勝負的關鍵了。

針對於此，我們可以先將常見的局面與最佳解決方法組合成一個模式，一併謹記。往後在面對另一種全新的局面時，同樣只要尋找類似的模式，採取與之成套的解決方法，就能更有效率地解決眼前問題，還有助於提升我方的勝率。

本章「地形篇」將介紹據點的地形與相應的作戰模式。此外也說明容易招致敗北的軍隊，往往採取什麼樣的行動模式（⬇184頁）。

早一步取得先機

只要占領卓越的據點，我方便能獲得較大的優勢，無論是進軍還是退兵都相對容易。因此將領想要將任何局面模式化時，可視地形運用的難易程度來分類，不僅更有效率，相對也便利許多。

占據優秀據點的基本對策，不外乎比敵人提早抵達，以及確保有利條件這兩點。

另一方面，容易招致敗北的軍隊模式，包括錯估敵情、中間幹部獨斷、現場領導人（將領）無謀或軟弱，以及將領指揮不當這六種常見模式。後續會再說明處理方法（⬇188～191頁）。

稍微深入探討

戰地的六種模式 敗軍的六種模式

地形狀態和軍隊士氣，會對戰爭的勝敗帶來極大的影響，孫子用6種模式分別舉例說明。

6種戰地地形

通 開闊的地形

特徵

我軍與敵軍都容易接近

對策

占領高地，並確保補給線

掛 容易深入的地形

特徵

容易進軍但不易撤退

對策

敵軍的防守不堅固就進軍，防守堅固就不進軍

支 分岔口

特徵

我軍與敵軍都不易接近

對策

將敵人引到附近後交戰

隘 山崖包圍的封閉地形

特徵

崖壁包夾，不易活動

對策

在崖上全面部署兵力

險 險峻的地形

特徵

高低起伏明顯，地勢險峻，必須確保視野

對策

占據南側的高地

遠 距離遙遠

特徵

離我軍與敵軍都很遙遠

對策

從一開始就不要出兵

6項招致敗北的原因（對策詳見➡P188～191）

對策詳見➡P188～191

走　無視戰力差距交戰

特徵
不顧實力懸殊，貿然攻擊

敗北原因
輸給人數占上風的敵人

弛　將領軟弱，士兵不服從命令

特徵
士兵強勢，將領沒有號召力

敗北原因
軍心渙散

陷　士兵懦弱，士氣不振

特徵
將領強悍，兵卒懦弱

敗北原因
士兵的士氣不振

崩　將領無視上級的命令

特徵
將領獨斷行動

敗北原因
擅自發動攻擊，軍隊自取滅亡

亂　將領無能

特徵
將領缺乏威嚴和領導能力

敗北原因
統率制度混亂

北　無法判斷敵人的情勢

特徵
將領缺乏收集情報的能力，無法訓練出精銳部隊

敗北原因
毫無勝算，徹底戰敗

戰道必勝，主曰無戰，必戰可也；戰道不勝，主曰必戰，無戰可也。故進不求名，退不避罪，唯民是保，而利合於主，國之寶也。

文義

分析戰地，判斷此戰有必勝的把握，即使國君主張「不打」，將領也絕對要堅持開戰；判斷沒有必勝把握，即使國君主張「打」，也絕對不能開戰。戰不謀求國君的評價，退不畏懼事後的處罰；保護百姓的身家性命，最後取得符合國君利益的戰果，這樣的將領才是國家的寶貴財富。

出現意見分歧時

原則上，即使無法搶先敵人一步占據戰地，也必須確保其他有利的地形條件——有利條件的多寡，將決定戰局的勝敗。

將領身為作戰現場的執行人，在有必勝把握時開戰，無必勝把握時則靜待局勢轉變，或是採取退兵的策略。然而，如果此時統帥（最高領導人）下達了與將領判斷相悖的命令，將領該如何是好呢？

在第三章的「謀攻篇」（⬇72頁）、第八章的「九變篇」（⬇146頁）中，孫子都有提到類似的問題。針對這個問題，孫子的結論是：將領只要「無視」就好了。

姑且不論戰爭的指揮權究竟應該落在誰的手上，光比較兩人對現場的了解以及所下判斷的合理性，就能明顯

迴避「導致敗北」的狀況 ①

❖敗北的狀況 ①

做出不符合現狀的行為

原因：優先服從領導人（不在現場）的意見

對策：優先服從將領（現場統率者）的判斷

- 充分瞭解敵情
- 區分有利與不利局面
- 能運用有利與不利局面
- 具備能掌控組織的聲望

❖套用模式，正確判斷現狀是否有利

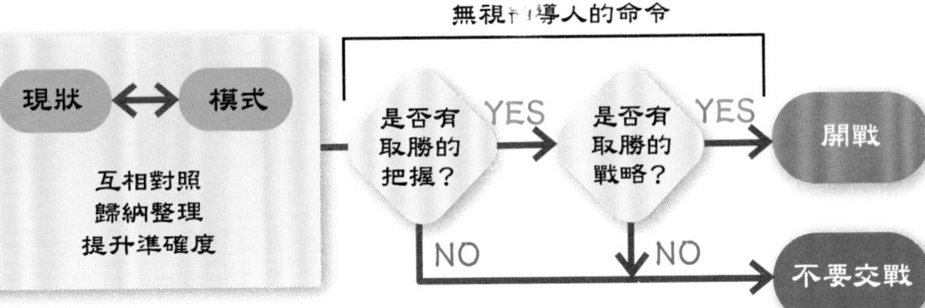

看出依照將領的判斷行動，勝算會更大（不容易輸）。

總之先拿出成果

關鍵在於將領身處戰場前線，與統帥相比，能夠更加透徹地掌握整體局面。將領懂得在不刻意扭轉當前局面的前提下聰明利用情勢，光憑這點，其判斷的可靠性就已經勝過最高領導人的命令了。

當然，無視統帥的命令，可能會造成雙方之間關係緊張，但將領的本分就是帶回勝利。戰爭可說是攸關國家未來，在勝敗面前，遵從領導人的命令與否根本算不上大問題。

勇於承擔自己的判斷，放手一搏，並帶回相符的戰果。孫子將這樣的將領譽為國家重寶。

地形篇 3

牢牢掌握基層的心

視卒如嬰兒，故可與之赴深谿；
視卒如愛子，故可與之俱死。
厚而不能使，
愛而不能令，
亂而不能治，
譬若驕子，不可用也。

文義

將領對待士卒像對待嬰兒，士卒就能與其共患難；將領對待士卒像對待自己的兒子，士卒就能與其共生死。不過，將領若對士卒厚待卻不用，溺愛卻不命令，違法亂紀卻不懲治，那士卒就如同驕慣的子女，無法派上戰場作戰。

中間幹部易影響基層

導致軍隊敗北的因素總共有六大項（➡185頁），可大致分成兩大原因。

第一個原因，便是領導人（將領）失去了管理軍隊的實質權力（另一個原因➡190頁）。

領導人之所以喪失軍隊管理權，根本原因在於介於「將領」與前線「士兵」之間的中間將士——軍吏。

如果軍吏與士兵之間關係惡劣，軍隊缺乏約束力，士兵將無法無天，軍紀鬆散；但若是過度管控，士兵亦將委靡不振，臨陣卻失去戰意。

不僅如此，當軍吏無視將領下達的戰鬥方針，擅自指揮部隊行動時，將領如果未能即時處置，更會導致軍隊「由上而下」（Top-down）的體制瞬間崩解。

為了遏止這類問題發生甚至擴大，

領導人（將領）應大幅縮小中間幹部的權限，直接統率軍隊。

成為士兵的偶像

儘管限縮中間幹部的職權，也就意味著將領必須憑一己之力，直接管理人數眾多的軍隊，但只要士兵對將領抱持著敬佩之心，自然會歸順服從。

因此想牢牢抓住士兵的心，將領必須不遺餘力地細心照顧，給予充分的關愛，同時賦予任務與責任，犯錯時則嚴格處置。

當將領贏得士兵的敬佩與愛戴後，手下兵卒自然忠心服從，在戰場上完全遵從將領的命令，無論面對危險還是誘惑也不為所動。最終打造出一支奮勇不畏戰的理想勁旅。

迴避「導致敗北」的狀況②

❖敗北的狀況②

❖強化上下關係的對策

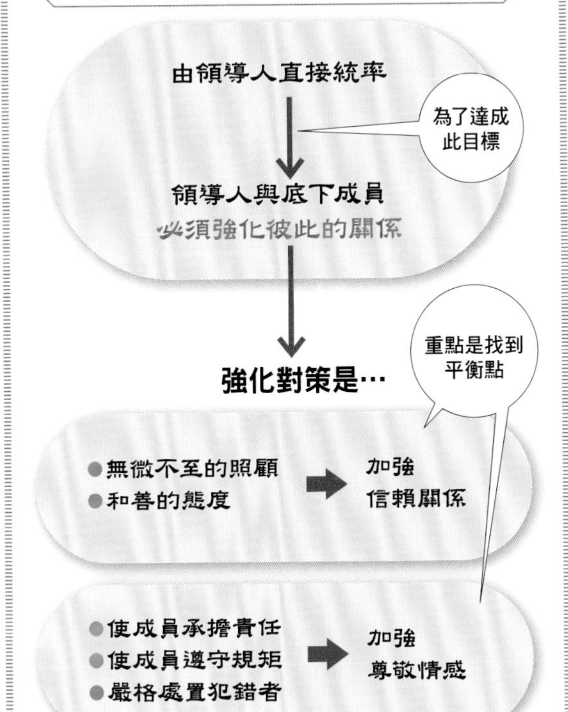

知吾卒之可以擊，而不知敵之不可擊，勝之半也；知敵之可擊，知吾卒之可以擊，而不知地形之不可以戰，勝之半也。

文義

只知道自己的部隊可以戰鬥，而不瞭解敵人的情勢，應該判定當前局勢取勝的可能性只有一半。知道敵人情勢有利於我方進攻，也知道自己的部隊可以戰鬥，但是不瞭解地形是否利於作戰，仍應判定取勝的可能性只有一半。

將領欠缺判斷力

導致軍隊敗北的另一個因素，則是統率軍隊的領導人（將領）的能力不足。尤其是欠缺判斷力的領導人，更容易招致失敗。

現場領導人應具備情報收集力、分析力與判斷力，才能夠正確地分析局面，創造出勝利的契機，順利收穫勝利——這是《孫子兵法》提倡的基本作戰程序。

當領導人缺乏關鍵能力之一的「判斷力」時，軍隊幾乎毫無疑問注定將敗北。實際於作戰現場指揮部隊的將領當中，有些人只會一味服從上級的命令，完全沒有自行判斷的經驗；也有些人只會憑直覺行事，不擅長理性分析。這些將領都必須學習如何做出理性且客觀的判斷。

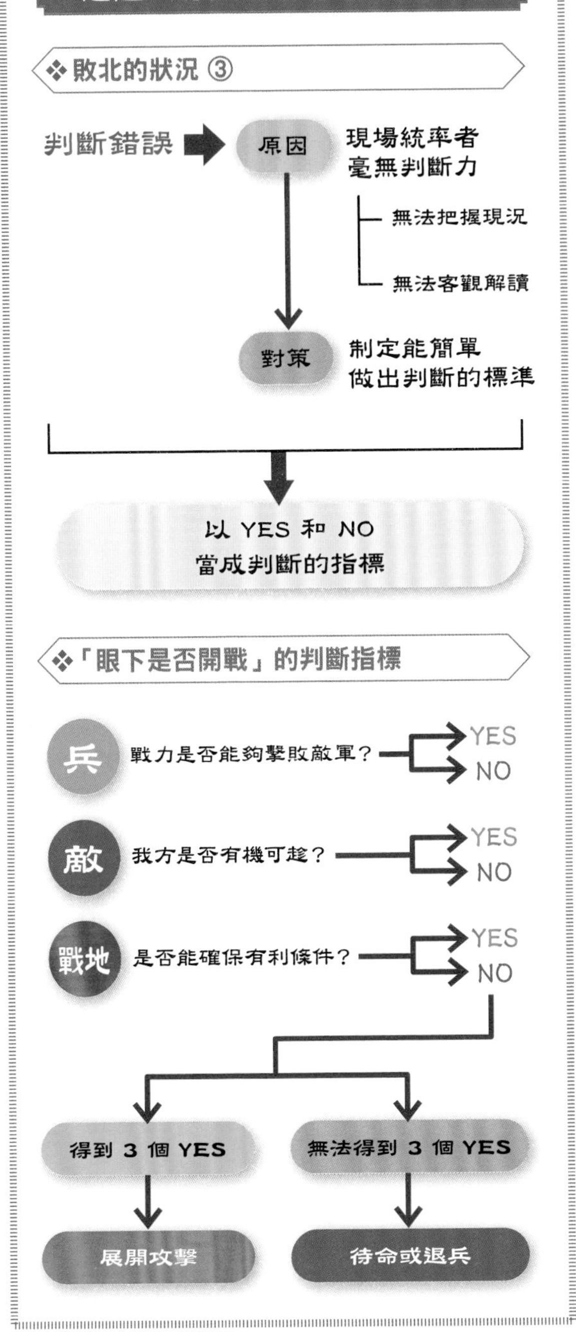

是YES還是NO

那麼，要如何習得判斷的能力呢？簡單來說，只要針對判斷對象，思考以下三個問題——

①我軍的士兵是否擁有擊敗敵軍的戰力與士氣？

②我方是否有機可趁？

③我方是否能確保有利的地理條件？

以上三個問題，不僅能夠確定情報的收集方向，也有助於隨後的分析作業更加輕鬆。只要簡單判斷這些問題的答案是YES還是NO，就能快速得到結果。若三個問題的答案都是YES，就代表此戰能「取勝」；若出現其他答案，代表「取勝的可能性只有一半」。利用這個方法，任何人都能輕鬆做出判斷。

諸葛亮與司馬懿，以及孫子

活躍於三國時代的蜀國名相諸葛亮（字孔明），與魏國權臣司馬懿（字仲達）屢次在戰局中鬥智較勁。相較於後世盛讚「推子八陣，不在孫吳」、勇於突破現有兵法框架的諸葛亮，司馬懿屬於忠實依循《孫子兵法》的類型。

當蜀魏兩軍在五丈原對峙之際，諸葛亮著人送一套女性衣物至魏營，指名贈給司馬懿，成功挑起魏軍的怒氣。儘管司馬懿並未理會此挑釁之舉，但另一方面卻又上表魏明帝請求出戰。

對於司馬懿這看似矛盾的行為，諸葛亮分析後判定：「這只是仲達為了展現將領威嚴的演技，事實上根本無意交戰。將領在外統帥軍隊，甚至可以違抗君命（➡P146），若仲達真有意打倒孔明我，怎需要特地跑回遙遠的魏國，請示交戰許可呢？」

【引自《三國志・蜀書・諸葛亮傳》】

諸葛亮

司馬懿

11章

【突破絕境】

九地篇　逆轉的兵法

散地則無戰，輕地則無止，爭地則無攻，交地則無絕，衢地則合交，重地則掠，圮地則行，圍地則謀，死地則戰。

文義

地勢可分散、輕、爭、交、衢、重、圮、圍、死等九種。散地不宜作戰，輕地不宜停留，不要強攻爭地之敵，遇上交地不能分散隊形，應與衢地之敵結盟，深入重地必須掠奪糧草，進入圮地要迅速通過，陷入圍地要設謀脫險，落入死地要抱持著一決死戰的覺悟。

決戰地也應模式化

原則上，行軍打仗時，整個軍隊必須死守「至少不要敗北」的底線，不斷浴血奮戰。

但是依照實際戰況不同，也可能需要刻意挑戰有敗北危機的高風險戰鬥。本章「九地篇」介紹的正是此類高風險戰鬥的應對方法。

本章與前一章相同，都是先將戰地模式化後，再依照實際戰況或情境，套用相對應的模式。

這些戰地模式有什麼樣的特徵、存在哪些風險、有哪些應採取的最低限度行動（或是禁止採取的行動），都能夠一一對照組合。

只要參照這些戰地模式，即使身處高風險戰況中，也能制定相對安全的作戰策略。

決戰地決定勝負風險

戰鬥風險會依最終的決戰地點而改變，孫子將之歸納成九種模式，以該決戰地點落在哪一方的勢力範圍，來決定所屬模式。

決戰地屬於哪一方的勢力範圍呢？還是不屬於任何一方的空白地？可預期的風險都會因為這些地點差異而影響甚鉅。

舉例來說，當我軍必須深入敵軍領地時，恐面臨軍隊遭孤立的風險。兩軍若是在第三者的勢力範圍附近交戰時，恐面臨外力介入戰局的風險。即使是在我方的領地內作戰，也很可能會發生士兵臨陣脫逃的情況。

因此只要事先掌握此類風險，提前制定對策，往後主導戰局時也會變得更加輕鬆（決戰地的風險與因應對策詳見⬇196頁）。

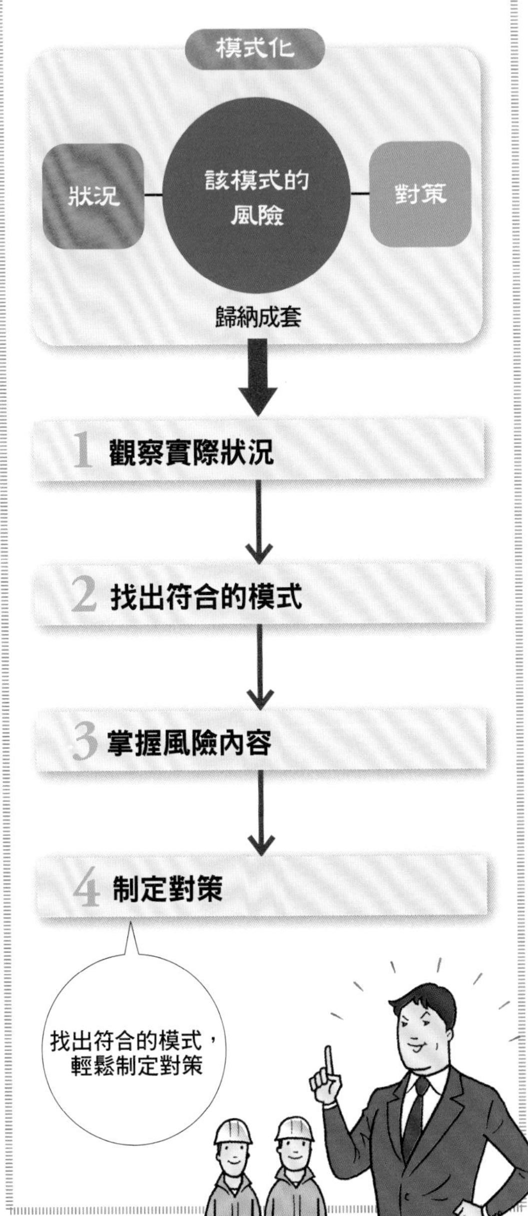

依風險區分 軍事據點的九種型態

孫子將最終決戰地的軍事據點分成9種類型。整理成表格後，能清楚看出每種戰地的特徵與建議的戰略手段。

軍事據點（決戰地）的特徵與戰略

重點是必須隨時掌握據點位置與實際戰況。

	特徵	應採取的戰略
散地	本國領地	避免交戰
衢地	與其他諸侯國的國境交接	與該諸侯國結為同盟
輕地	在敵國領地內但接近國境	不要長時間逗留
交地	敵我雙方都能自由來往	不要分散隊形
爭地	搶先占領後能成為據點	較晚抵達則不要發動攻擊
重地	在敵國國內且遠離國境／接近敵軍的駐屯地	掠奪周邊地區
圮地	地面不易行走，行軍困難	迅速通過
圍地	進軍路線狹窄、撤退路線蜿蜒且綿長	思考作戰策略
死地	若不能急速猛攻將全軍覆沒	殊死奮戰，尋求活路

決戰地所屬權的風險

離本國越遠，風險越大。

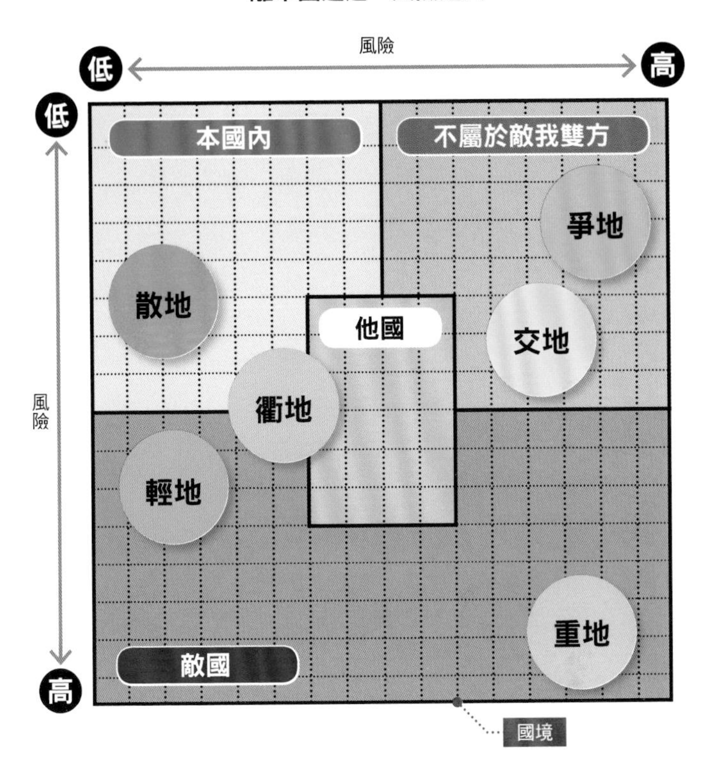

戰略多寡的風險

據點的地勢不同，可採取的戰略也會改變。

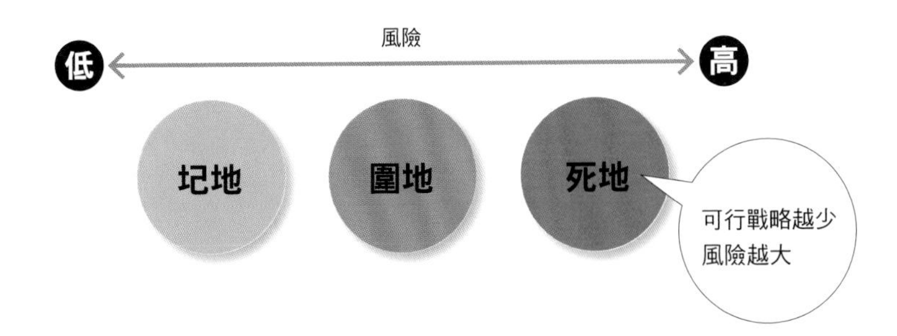

九地篇 2

阻礙敵人會合團結

古之所謂善用兵者，能使敵人前後不相及，眾寡不相恃，貴賤不相救，上下不相收，卒離而不集，兵合而不齊。

文義

從古至今，善於指揮作戰的將領，能夠使敵人前後部隊無法相互配合，主力部隊和支援部隊無法相互援護；貴族與庶民之間無法相互救援，上級與下級之間無法同心協力；士兵分散無法集中，即使集中布陣陣形也不整齊。

確保戰鬥前提

高風險戰鬥的事前準備作業與一般戰鬥無異，同樣得先分析情勢，掌握敵方的戰力，確保我方有利的條件之後再開戰（⬇86頁）。

不過，由於高風險戰鬥必須在「較少的有利條件」的前提之下作戰，因此即使是在制定計畫的階段，就算只有稍微調整作戰條件，也很有可能導致敗北的機率大幅增加。

為了避免事態發展至此，我們必須想辦法在維持既有條件的情況下，制定出彌補的對策。

其中最需要留意的，正是敵軍主力部隊與援軍會合，形成意料之外難以應對的龐大戰力。如果最初就已經是勉強開戰了，一旦敵方的新援軍抵達戰場會合後，可以想見我方終究免不了要吞下敗仗。

封鎖敵方的援軍

為了避免陷入如此絕境，我方必須先行阻斷敵人內部的聯繫，使敵方部隊無法相互援助。

雖說只要切斷敵軍與援軍的合作關係即可，但如果能進一步製造雙方嫌隙，將可得到更顯著的效果。

順利切斷敵方的合作關係後，不僅援軍會撤退，敵人還會受到如下的傷害。首先，敵方將失去情報管道，導致情勢分析失準。接著，其後勤支援會出現漏洞，導致戰力難以維持。

此外，當前線部隊內部無法相互合作後，敵方將失去「勢」（＝全軍氣勢磅礴的狀態➡96頁），難以緊握勝利的契機。

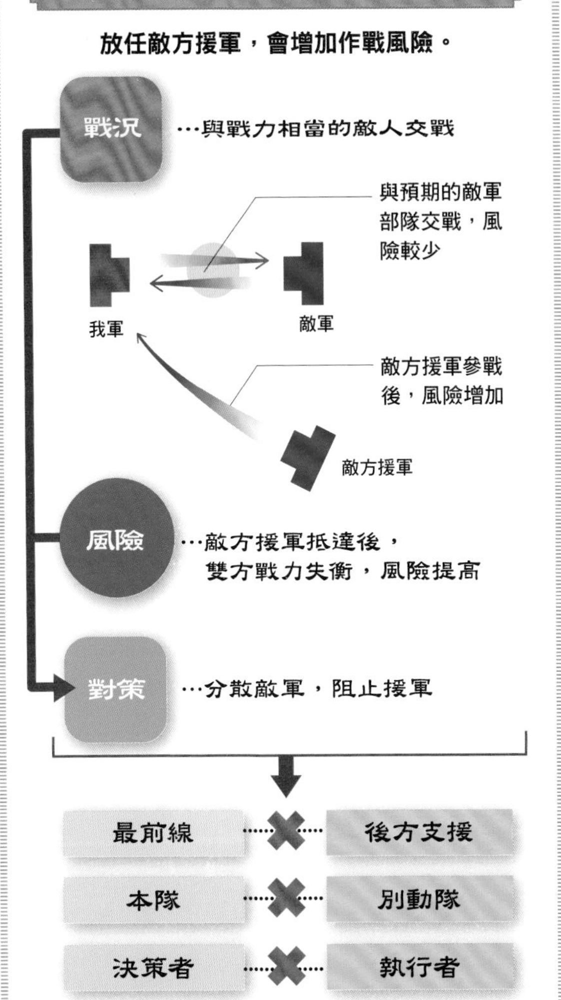

敢問：「敵眾整而將來，待之若何？」曰：「先奪其所愛，則聽矣。」

文義

試問：「敵人陣勢嚴整，向我方進攻，該用什麼辦法加以應對呢？」回答：「先奪取敵人最重要的據點，這樣敵人就會聽從我們的擺布了。」

然而，當我方深陷敵方的勢力範圍內，前有固若金湯的精銳部隊，後又無退路可支援，只得與敵交戰之際，這時該怎麼辦才好呢？

從孫子的觀點來看，此時我方處於漏洞百出的「虛」的狀態，而敵方卻處於準備萬全的「實」的狀態，簡直是最糟糕的局面。

為了避免戰局發展到如此無可挽回的局面，我方必須事先準備好能使敵人陷入「虛」的「逆轉王牌」。

具體來說，在雙方交戰之前，我方得先行掠奪敵方「絕對不能失去」的據點，像是具備指揮統籌機能的主據點，或是後勤支援不可或缺的補給基地，甚至包括產業基盤、防禦網的重要據點等等。

這些據點一旦遭到奪取，敵人必定會緊急調動兵力，派往趕赴支援。如此一來，與我方交戰的部隊戰力便會

奪走敵人重要之物

在高風險戰鬥中，由於我方的有利條件少，因此想辦法創造出「虛實」之戰（＝趁敵不備時突襲，獲得勝利➡第六章）堪稱個中關鍵。

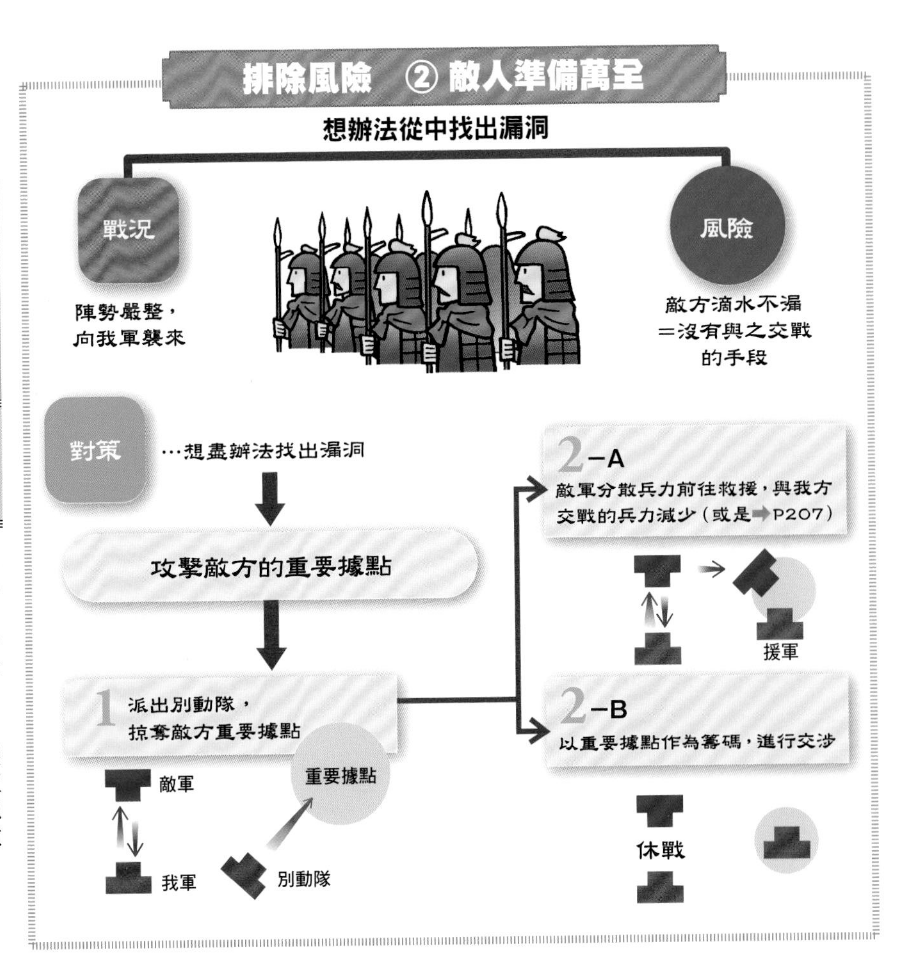

大幅減少。

交涉爭取時間

即使敵方沒有援軍，我方也可以利用掠奪到手的據點當作交涉籌碼。這麼一來，即使敵方持續發動攻擊，一舉殲滅我方軍隊，最終也得不到太大的利益。

如果敵將能客觀辨明事理，認清失去重要據點反而才是最大的損失的事實，必定會選擇先與我方交涉。

如此一來，我方便能趁著雙方交涉期間爭取到時間，足以增加援軍、制定對策、確保逃脫路線等，儘早脫離「虛」的不利狀態。

投之無所往，
死且不北。
死焉不得，
士人盡力。
兵士甚陷則不懼。

文義

將部隊逼入無路可走的絕境，士卒就會寧死不退。部隊落入不戰則亡的境地時，任何人都會殊死作戰。部隊深陷危險的境地，士卒將不再存有恐懼。

抉擇的問題

投身高風險戰鬥時最棘手的問題，其實是針對自軍的對策，因為不願背負巨大風險、試圖逃離戰場的士兵人數會不斷增加。

而且與高風險決戰地相比，選擇低風險決戰地時，臨陣脫逃的士兵人數反而更多（⬇204頁）。

士兵逃跑與否，其實與決戰地點的「風險高低」無關，而是在於「有沒有能逃跑的退路」。也就是說，只要有「能逃跑」的機會時，士兵自然會選擇逃跑。

危急時刻發揮神力

換個方向想，如果將士兵們置於沒有一絲逃跑機會的境地，會發生什麼事呢？

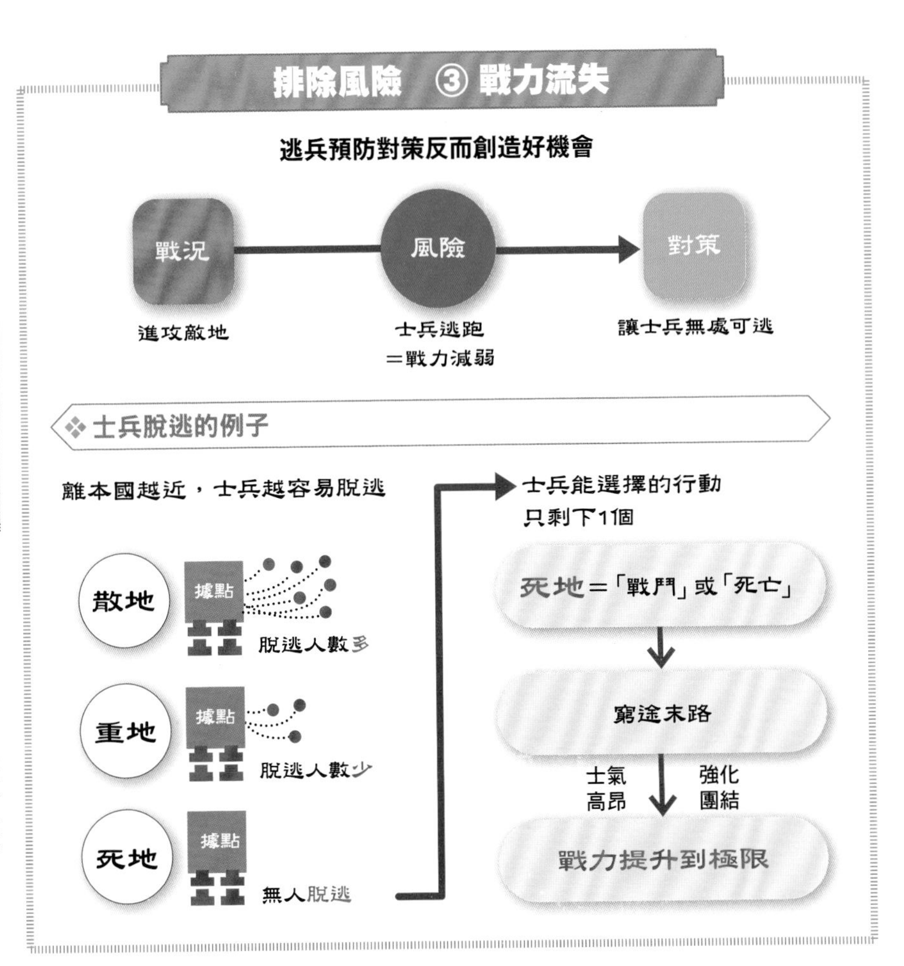

此時士兵被迫只能自願選擇「對抗眼前的風險」。人在親自下決定後，本能上會抗拒行動變化，也因此有勇氣面對其他風險。

除此之外，無處可逃的絕境也會影響士兵的精神狀態。當人們深陷險惡的境地時，反而會變得無所畏懼。從心理學的角度來看，這是心理防禦機制開啟，促使腦內分泌麻藥，使人發揮出異於平常的怪力，也就是俗稱的「火場神力」。

不僅如此，當人被逼到絕境時，即使是平時交惡的對象，也有辦法彼此團結一致。在這種種狀態之下，即使上級完全沒有下達指示，也無須擔憂秩序混亂。軍隊全員勇往直前，整體戰力也隨之提升。

軍隊的統率方式會隨據點而改變

加強軍隊團結力的關鍵在於逃兵的處置辦法。據點的風險大小，會影響士兵的精神狀況，只要善用這點即可。

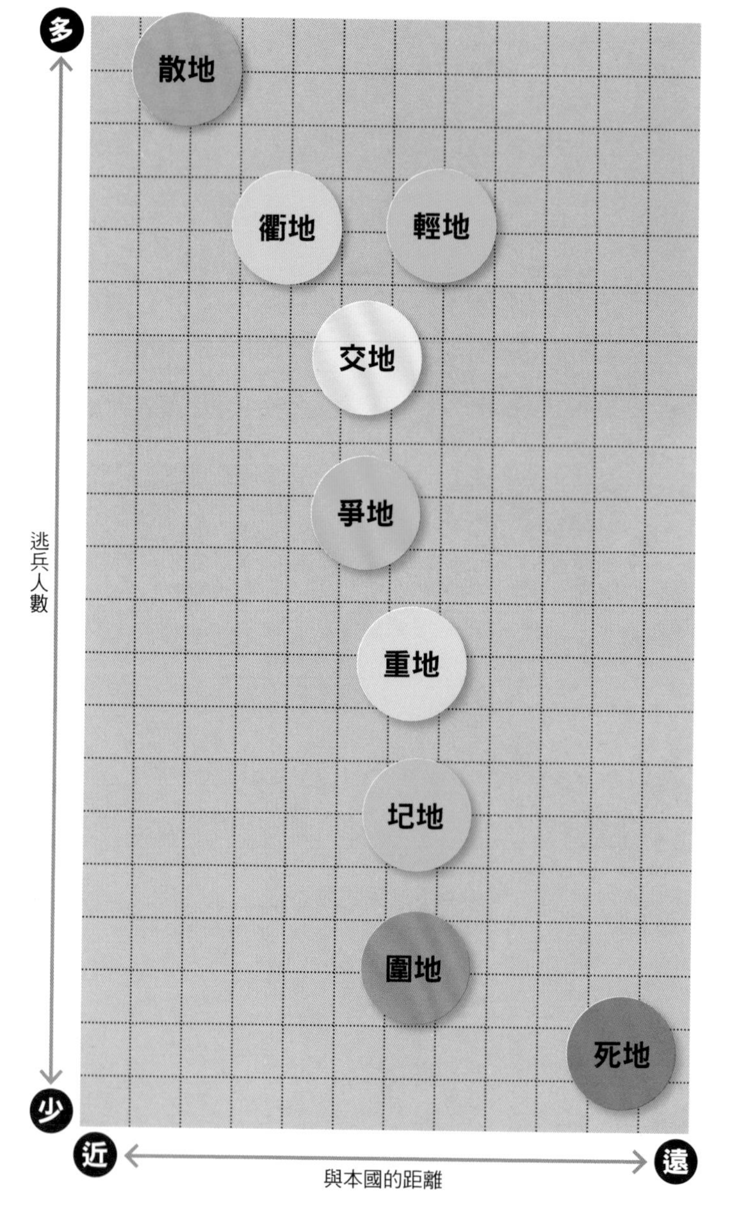

各據點適合的軍隊統率法

將領必須隨時留意周遭狀況和兵卒士氣

	統率軍隊的重點
散地	使兵卒同心協力
衢地	強化與周邊諸侯國的同盟關係
輕地	不使軍隊遠離將領
交地	特別注意守備
爭地	後發部隊加快行軍速度，兩軍同時抵達據點
重地	掠奪敵方資源，確保必要的軍糧
圮地	迅速通過
圍地	自斷逃生路線，背水一戰
死地	激勵士兵， 使全員覺悟「不戰則亡」

能愚士卒之耳目，使之無知；易其事，革其謀，使人無識；易其居，迂其途，使人不得慮。

文義

將領要能瞞過部下的眼目，使士卒對於軍事行動一無所知；不斷變更攻擊目標，制定新計畫，使士卒無法得知自己即將投身險境作戰；不時變換駐地，故意迂迴前進，使士卒無從推測我軍將要前往的地點。

只傳達必要的情報

打仗難免需要做出犧牲，但此類作戰內容若事先傳入底下士兵耳中，勢必造成人心惶惶，導致作戰計畫難以順利進行。

不過，若是刻意封鎖所有情報，士兵反而會對將領產生不信任感，同樣無法順利執行戰略。

為了避免這類問題發生，應該事先將情報分成可公開的部分，以及應該隱藏的部分。原則上，《孫子兵法》主張情報共享，但共享對象僅限於領導人與現場執行人（將領）等上層內部人士。

按部就班誘導戰局

然而在作戰過程中，上層將領要積極釋出與士兵自身行動相關的情報，使軍隊成員各司其職（➡92頁）。

那麼該如何釋出情報呢？只要讓士兵們知道與自己切身相關的情報即可，而且內容僅限於「行動目的與行動的方式」，就能夠避免整體的作戰方針曝光；士兵也因為確實得到密切相關的情報，自然就不會心生不滿。

利用這種手法隱瞞實際戰略過程，一步步展開作戰行動。如此一來，即使該作戰的最終目標危機四伏，也能在毫無露餡的情況下誘導士兵行動。

而從預防的角度來說，將領只要懂得控制情報，便能降低被敵人或周圍對手識破作戰意圖的風險。當然，所有成功的前提是從舉行作戰會議的那一刻起，就必須建立好滴水不漏的防護措施。

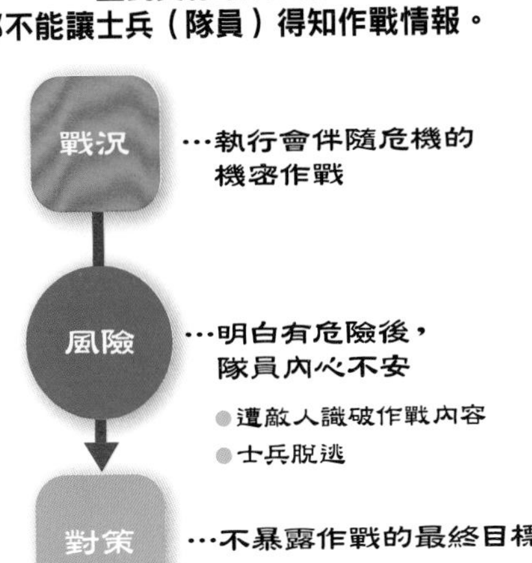

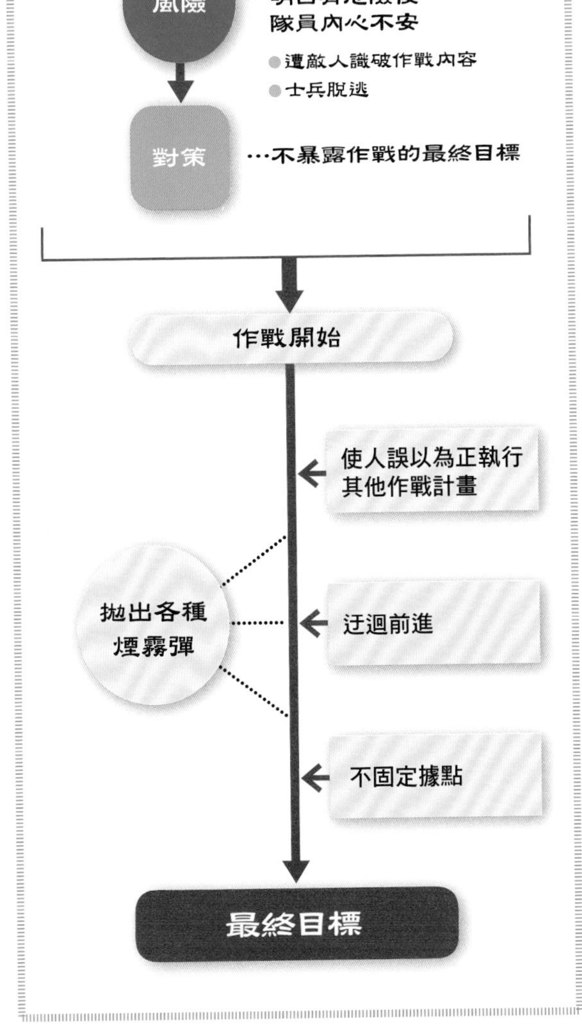

> 敵人開闔，必亟入之，
> 先其所愛，微與之期，
> 踐墨隨敵，以決戰事。
> 是故始如處女，敵人開戶；
> 後如脫兔，敵不及拒。

文義

敵人的防禦一旦出現漏洞，就要命先遣部隊迅速乘機而入，奪取敵人的重要據點，與本隊訂立會合日期；本隊再暗中尾隨趕來據點的敵方援軍，從背後夾擊。因此作戰時，一開始要如處女般沉靜柔弱，誘使敵人放鬆戒備；等戰鬥展開後，則要像野兔般敏捷行動，使敵人無從抵抗。

趁敵方空虛而入

在所有的高風險戰鬥中，最具代表性的戰略實例，莫過於進攻敵方的勢力範圍了。

這個作戰策略包含了「搶先掠奪敵方的重要據點」（➡200頁）和「隱藏實際的戰鬥過程」（➡206頁）兩大重點。至於基本的作戰內容，是將軍隊分為先遣隊與本隊，奪取敵方據點再從後方進攻，使敵方陷入兩面作戰的困境。

首先我方派出先遣隊，鑽入敵方防衛網的漏洞，占據其重要據點。等敵方派出援軍後，本隊同樣從防衛網漏洞進入敵陣，祕密尾隨敵方援軍。當敵軍抵達被我方先遣隊奪取的據點之後，再指揮據點內的先遣隊和尾隨的本隊，包圍夾擊敵軍。

這個作戰策略務求過程小心謹慎，

襲擊敵地的基本模式

1 派出別動隊攻破敵方守備，占領重要據點

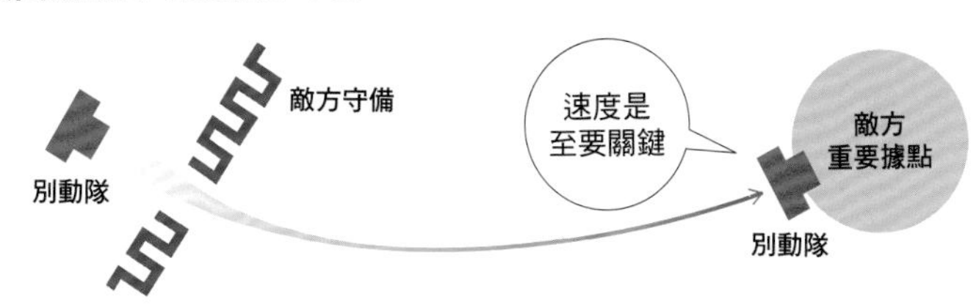

2 待敵方援軍趕來，本隊悄悄尾隨

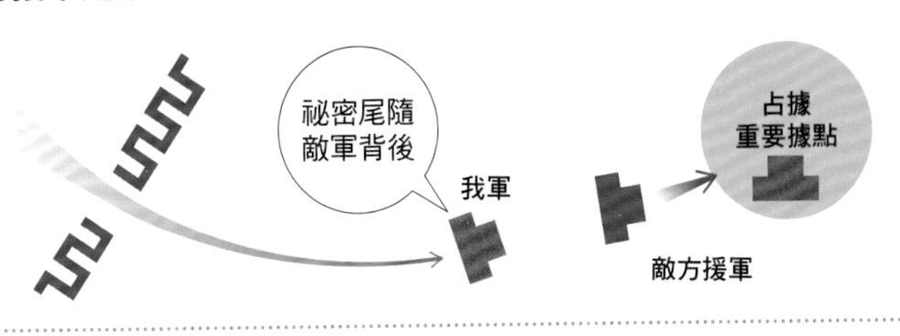

3 趁敵軍迎戰別動隊時，本隊從後方夾擊

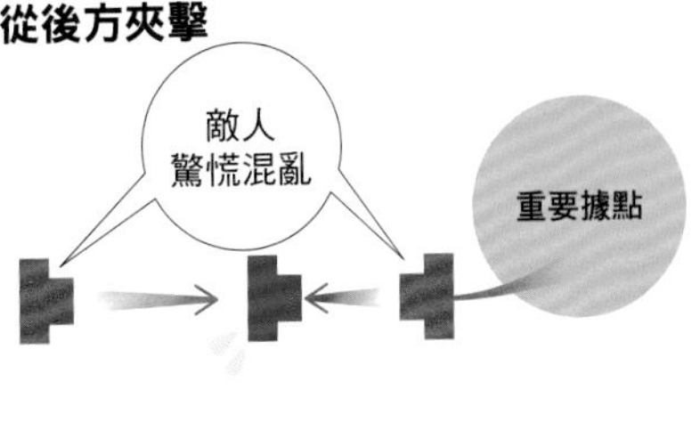

以免敵人察覺企圖，反陷不利；同時也講求速戰速決，迅速奪取據點並壓制敵軍。

示弱的用意

除此之外，兩面作戰的成功前提是我軍的先遣隊和本隊都必須突破敵方的防衛網。

這個時候可採取的戰術，便是先假裝自己毫無威脅性，誘使敵人放鬆警戒，待其防禦出現破綻後，再集中火力突襲，一口氣突破其守備。

為了達到這個目的，我方不僅需要審慎行事，避免被敵人識破計畫，在戰力方面也要保持爆發力，才能一鼓作氣奪下目標。

中國兵法與道術

《孫子兵法》的戰略理論是以理性客觀為基礎，因此到了現代也能通用。但實際上，春秋時代的主流兵法，其實是與理性完全扯不上邊的「卜卦方術」。當時的人們會用龜殼占卜戰爭勝敗，或是觀察從敵營升起的雲氣，確認敵方有無戰意，以及上天庇佑哪一方；甚至利用剛出現不久的五行道術，向上天祈求勝利。

這類道術隨後也傳入日本。除了五行占卜之外，在日本戰國時代也出現彙集修驗道精髓的兵書，記載諸多令戰國武將興致勃勃的祕術，像是能避免箭矢射穿鎧甲的咒術，或是用飛缽攻擊敵人的祕術等等。

戰爭吉凶的各種徵兆

Ⓐ

Ⓑ

Ⓒ

Ⓓ
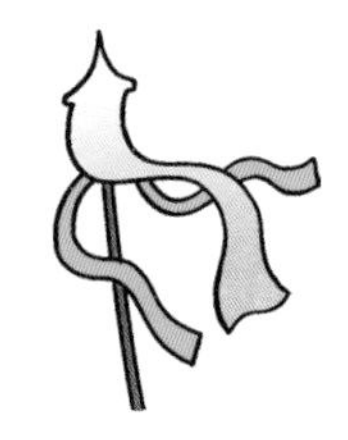

Ⓐ…出兵時遇小雨，雨滴可稍微積聚在鎧甲上為「吉」。
Ⓑ…出兵時看到鹿為「大凶」。
Ⓒ…見到像蛇一般的黑氣竄入城中，該城3日內會陷落。
Ⓓ…無風旗幟卻飛揚，此戰必勝。

12章

火攻篇　決勝的兵法

取勝的禁忌絕招

火攻篇 1

鎖定攻擊目標

凡火攻有五：一曰火人，二曰火積，三曰火輜，四曰火庫，五曰火隊。

文義

火攻形式依攻擊對象分為五種。火燒敵軍營隊的士兵，為火人；焚燒敵軍堆放的糧草，為火積；焚燒敵軍補給線的輜重隊，為火輜；焚燒敵軍存放財貨的倉庫，為火庫；火燒敵方的橋梁或棧道，為火隊。

終結越拖越長的拉鋸戰

原則上，戰爭時應採取對敵人傷害最小的攻擊手段（⬇62頁）。但是當戰事越拖越久時，就不應該繼續秉持這一項原則。

作戰時盡量不採取致命攻擊，主要是為了確保勝利後的利益。然而，戰事一旦延長，投入的成本恐怕與戰後利益互相抵銷，甚至可能損失慘重。因此就算會對敵人造成嚴重損害，也應趁早了斷，才能確保利益。

終結戰爭的作戰方式，可以從「動員少數兵力一口氣決勝負」的出發點來考慮。為了降低戰爭成本，本篇選擇「火攻」而非水攻，乃是因為火攻較具效率，不僅花費的人手及設備相對較少，還能直接展開攻擊，迅速結束戰爭。

「最終決勝手段」的關鍵與目標

終結拉鋸戰的作戰重點

1 什麼時候「終結作戰」？

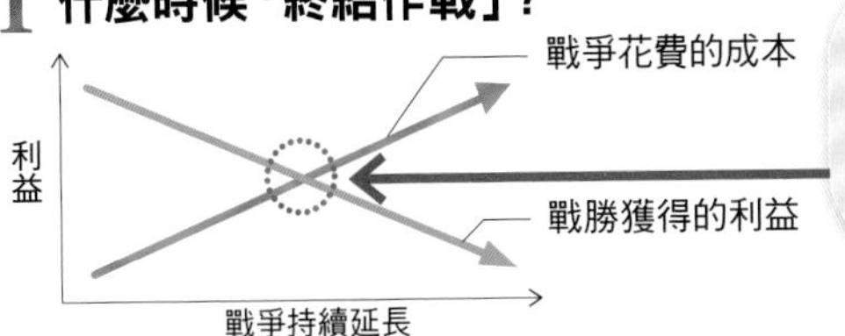

當成本與利益逆轉時，就算不惜採用會造成敵方損傷的戰略，也要儘早結束戰爭

2 怎麼樣才是最好的戰略？

即可的戰略

即使資材損失，也務必要減少其他成本

3 應該選擇哪個攻擊目標？

考量敵方的戰力是否足以抵抗

鎖定能造成最大傷害的目標攻擊

斷絕最後的生命線

終結戰爭的基本原則，是給予敵方無法復原的巨大傷害，使對方失去戰意。不過，考慮到事後處理與利益保全，還是應該慎選攻擊目標，以最少的傷害換取最大的效果。

此時，我們可以考慮的作戰策略便是：集中攻擊敵方的生命線。假設敵方的生命線是戰力，攻擊目標即是士兵；若是糧食，攻擊目標即是儲備基地或後勤補給線；如果敵人抱持「危急時刻可以逃跑」的僥倖念頭，則要全面封鎖其退路。

動員最少戰力，集中火力攻擊敵方賴以生存的資源，破壞殆盡，敵人自然會舉白旗投降。

行火有因，因必素具。
發火有時，起火有日。
時者，天之燥也。
日者，月在箕、壁、翼、軫也。
凡此四宿者，風起之日也。

文義

實施火攻有其條件，必須平時即準備妥當。看準最適合起火的時節，再決定起火的日子。最理想的起火時期是空氣乾燥的季節，月亮行經箕、壁、翼、軫這四個星宿位置時最適合，這個時候大多是起風的時節。

攻擊效果提高至極限

進行終結戰時，作戰目標首要瞄準的是敵人的生命線。但是如果反覆發動攻勢，敵人必定會鞏固防禦，因此我方只能靠單次奇襲，一決勝負。為此，我方必須事先備齊通往成功之路的必要條件。

不過所謂的必要條件，具體來說包含哪些呢？此時不妨從下面兩個角度來思考。

首先，想確實發動作戰，需要準備什麼？

以火攻來說，火是絕對不可或缺的關鍵，便可以進一步推導出乾燥的空氣是必要條件之一。

接著，想按照作戰目的推進，需要準備什麼？

在終結戰爭的作戰行動中，最主要的目的是有效率地破壞目標。而火攻

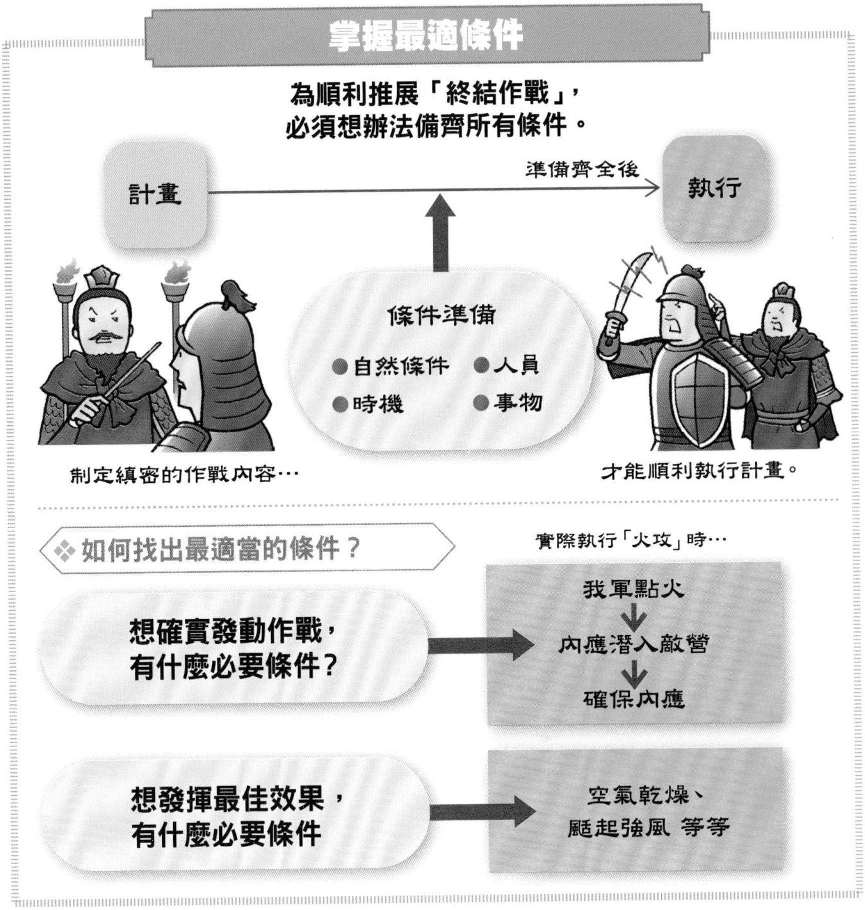

掌握最適條件

為順利推展「終結作戰」，必須想辦法備齊所有條件。

計畫 → 準備齊全後 → 執行

條件準備
- 自然條件
- 人員
- 時機
- 事物

制定縝密的作戰內容…

才能順利執行計畫。

❖如何找出最適當的條件？

實際執行「火攻」時…

想確實發動作戰，有什麼必要條件？ → 我軍點火 ↓ 內應潛入敵營 ↓ 確保內應

想發揮最佳效果，有什麼必要條件 → 空氣乾燥、颳起強風 等等

的必要條件是能助長火勢的助力，適度的風勢即屬於此類。

挑準適當的時機

然而，無論空氣多麼乾燥、戰場颳起多大的風，如果沒有負責點火的人員，目標就不可能燃燒起火。這類實行作戰的人物和後勤支援，也都必須湊足適當的條件，否則作戰計畫仍舊無法順利執行。

相對於發動作戰的必要條件，有關作戰的成功條件，則可從以下兩個角度來思考。

①想確實接近攻擊目標，需要具備哪些條件？

②想抓準最佳作戰時機，需要具備哪些條件？

凡火攻，必因五火之變而應之。凡軍必知五火之變，以數守之。

文義

凡用火攻，必須根據起火的場所與敵兵的反應，臨機決定隨後的攻擊方式。軍隊都必須熟知火攻的條件，以免錯失起火的最佳時機。

作戰無法重頭來過

如同前述，終結戰爭的奇襲作戰只有一次機會，能否對敵人造成傷害、傷害程度多大，全都繫於這僅僅一回的攻擊，一旦失敗就無法重來。

為了全面掌握勝利，我方必須預測作戰現場可能發生的種種狀況，謹慎模擬作戰過程。這時候，便可從以下兩點來評估。

①思考敵人可能展開的行動。此外，氣候地理等各種環境條件也與作戰息息相關，同樣必須事先確認。

②思考在各種情況下，怎麼做才有辦法達成作戰目的。

促進作戰流程效率

以火攻為例，起火後敵人的行動模式大致上可分成五種類型，分別為：

(1)開始滅火，(2)組織人力，搬離周圍的資材，(3)逃散，(4)旁觀，(5)沒注意到火災。

以其中的(1)為例，從滅火需要用到大量的水這點來看，為了妨礙敵方滅火、增加損失，我們可以考慮採取阻斷水源；再從滅火需要召集人員這點來看，還可以考慮趁機擊破鬆散防守等後續的作戰行動。如果敵人沒注意到火災，我方可以故意按兵不動，等待火勢延燒。

像這樣多方預測各種情勢發展，也是個很好的思考訓練，幫助我們徹底理清怎麼樣的作戰流程才能「最有效率」地達成作戰目標。

當然，實際執行作戰計畫後，也有可能出現意料之外的發展，但只要事前模擬得當，自然能牢記作戰目的，懂得隨機應變，採取有效擴大敵方損害的行動方針。

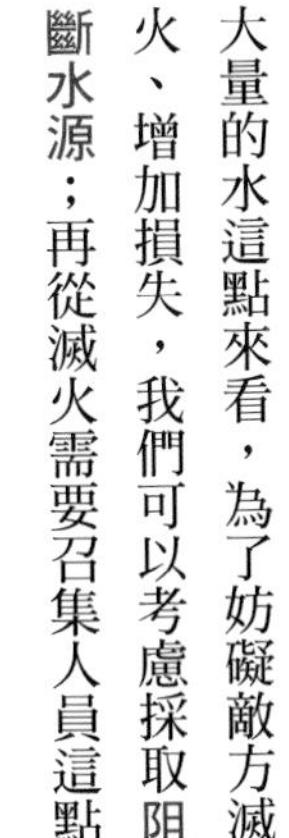

發揮出最佳行動效果

執行作戰 → 終結戰爭

花費少量人力，短時間結束

抑制成本，
避免過多的損失

為了發揮出最大的效果，
事先多方模擬

1 敵人會採取什麼行動？徹底找出所有行動模式

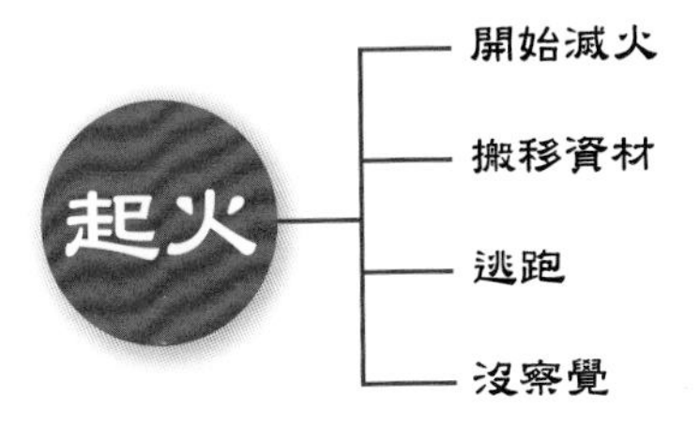

2 針對各種模式思考對策 以最少勞力和時間換取最大效果

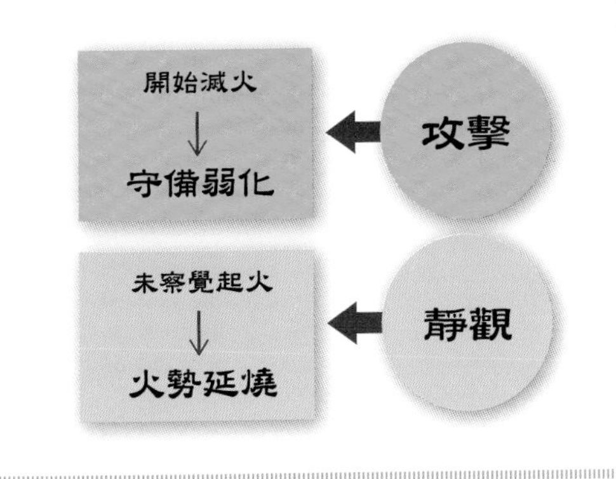

停損點一開始就設立

夫戰勝攻取，而不修其功者凶，命曰「費留」。故曰：明主慮之，良將修之，非利不動，非得不用，非危不戰。

文義

明明已經打了勝仗，卻無法結束戰事，實與災難無異，這種情形便是「浪費人力與物力」。明智的國君要慎重考慮如何結束戰爭，賢良的將帥要謹慎思考如何整頓戰果。沒有利益，不要實行計畫；沒有取勝的把握，不能派兵出陣；不到危急關頭，不要輕啟戰端。

開戰前就決定結束

從《孫子兵法》的觀點來看，戰爭只是獲得利益的一種手段，因此像火攻等會傷害敵人的作戰策略並非孫子的本意。

不過，在勝負已定、戰事卻遲遲無法劃下句點的情況下，國內經濟將面臨嚴重打擊。此時就算不惜傷害敵人也應盡快終結戰爭，哪怕這是逼不得已的下下之策。

因此正式開戰前，決策者（國君）與領導人（將領）就應該扛起責任，從以下兩點切入，決定結束戰爭的時間點。

①確保想獲得的利益時
②資金用盡時

在準備階段便預先評估利益與成本（⬇第二章）的原因之一，正是為了訂立「戰爭停損點」。

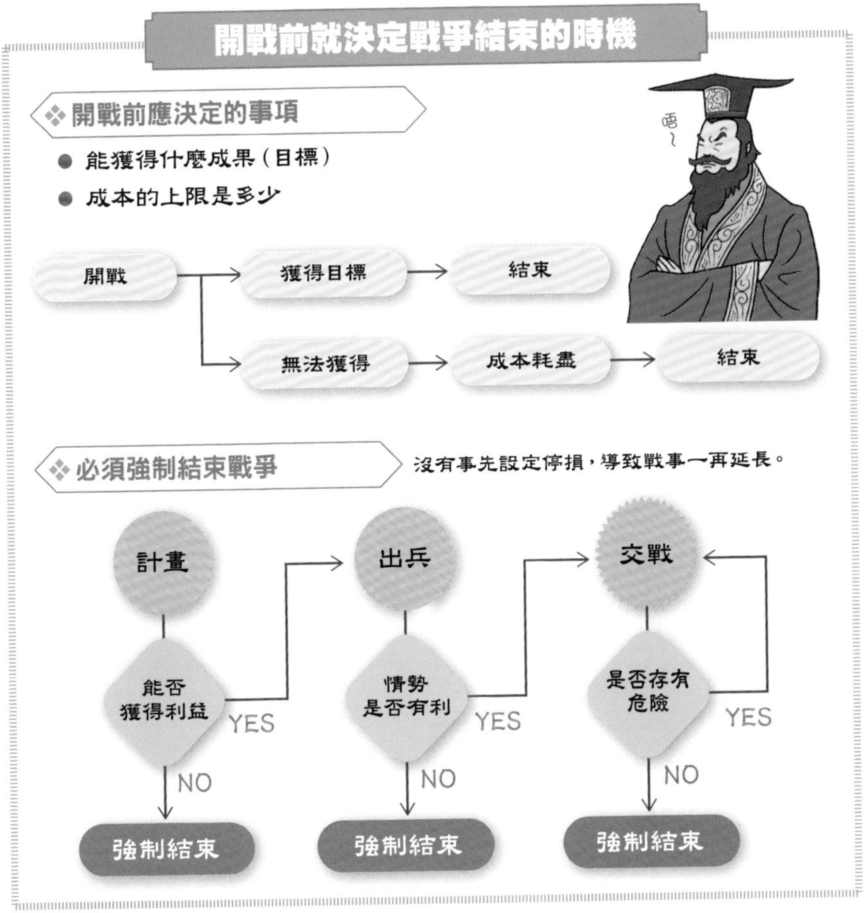

開戰前就決定戰爭結束的時機

開戰前應決定的事項

- 能獲得什麼成果（目標）
- 成本的上限是多少

必須強制結束戰爭

沒有事先設定停損，導致戰事一再延長。

什麼時候該結束？

隨著戰事發展，終結戰爭的契機也會出現在各個不同階段裡。

第一個階段，從情勢分析進展到具體計畫時。此時可從利益面來判斷，若能獲得所求利益就繼續，否則就強制結束。

第二個階段，從計畫發展到實際行動時。此時可從情勢損益來判斷，若具備有利戰鬥的條件就繼續，否則就強制結束。

第三個階段是交戰之後。此時可從今後的風險來判斷，若敵方有可能反擊，就持續備戰，否則就強制結束。

設立戰爭停損點，講白一點就是對作戰結果負起責任，決定戰爭結束的時間點。

主不可以怒而興師，
將不可以慍而致戰。
合於利而動，
不合於利而止。
亡國不可以復存，
死者不可以復生。

文義

國君不可因一時憤怒而勞師動眾，將帥不可因一時氣憤而出陣交戰。符合國家利益才用兵，不符合國家利益就停戰。怒火可以平息，但國家滅亡了就不能復存，戰死的人也不能復活。

簡單的判斷指標

這場戰爭應該要繼續打下去，還是要就此結束呢？如果上級隨時都能保持冷靜，針對局勢發展下判斷，或許還不至於有太嚴重的誤判。但麻煩的是，多數將帥在交戰時都特別容易動怒。然而一時衝動招來的後果，不光是敗北那麼簡單，甚至可能造成大量兵民戰死，國家再無餘力防範，最終招致滅亡。

「兵者，國之大事，死生之地，存亡之道。」領導人因一時怒火而衝動行事，哪怕只是稍微誤判戰局、下了錯誤的決策，都很有可能面臨兵員盡卒、國家毀滅的後果。

那麼，我們該怎麼做，才能避免下判斷時流於感情用事呢？

克制一時的情緒

《孫子兵法》介紹了大量能避免領導人感情用事的手段，包括身旁有熟悉戰場的參謀（⬇70頁）、憑藉數值判斷情報（⬇88頁）、套用既定的模式因應現狀（⬇182、194頁）等等。

而在行動之前，更是要以「符合國家利益才用兵，不符合國家利益就停戰」這一點為大原則，以此作為標準來判斷。簡單來說，就是有利益就行動，沒利益就收手。

依照有無「利益」來衡量局勢，一切計畫和判斷自然皆能合情合理，不怕一時衝動。《孫子兵法》自始自終都貫徹理性客觀，正是為了迴避情緒波動對戰爭造成的弊害。

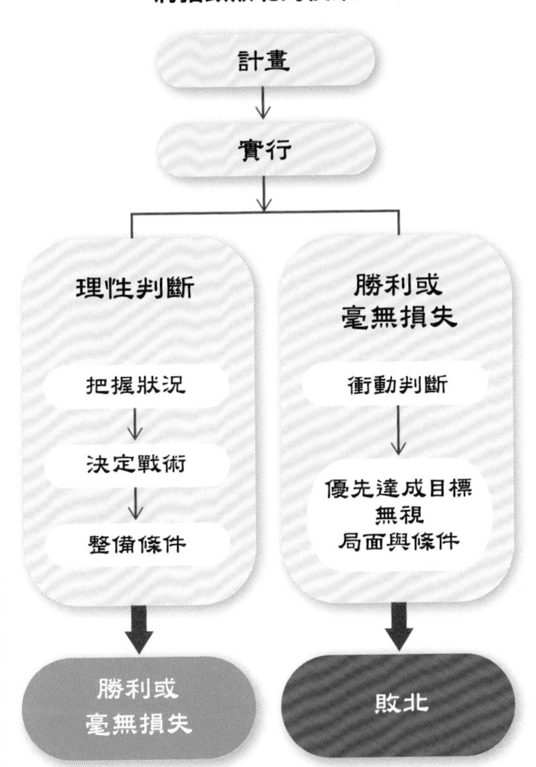

❖ 避免衝動誤判的訣竅

● 參考參謀的意見後再下決斷
➡P70

● 盡量將資訊數據化，多方比較
➡P88

● 參考能套用當下情勢的圖表
➡P182、194

孫子的注釋者——杜牧

以東漢末年的曹操為首，歷史上曾有許多人為《孫子兵法》撰寫注釋，其中一位後世評價極高的注釋者，正是唐朝的著名詩人杜牧（803-852年）。杜牧的釋文符合史實，佐證《孫子兵法》的正確性。

杜牧在史學與兵法上都有極深的造詣，他行經烏江亭（相傳為項羽自刎之地）時，便曾作了以下的詩。

熟於兵法的詩人・杜牧

題烏江亭

勝敗兵家事不期，
包羞忍恥是男兒。
江東子弟多才俊，
捲土重來未可知。

此詩的大意是：就連兵法家也無法預測勝敗，（項羽）若能忍辱負重，尋求東山再起的機會，說不定還能捲土重來。

13 章

用間篇

【掌握情報，神不知鬼不覺】

間諜的兵法

愛爵祿百金，不知敵之情者，不仁之至也，非人之將也，非主之佐也，非勝之主也。

文義

如果計較金錢，不肯用來重用間諜，以致敵方情報收集不全，反而花費多餘的戰爭費用，終將成為人民的困擾。這樣的將領不配率軍，即使是國家的輔佐，也不配成為勝利的主宰。

情報才能有效回本

從準備期到結束期，情報收集在戰爭的每個階段都不可或缺。然而，將帥軍務繁忙，幾乎沒時間親自收集情報。此時便需要能夠代為收集情報的「間諜」（＝情報人員）。

間諜除了能代替將領行動之外，還有另外兩個意義，其中之一便是經濟效益。

戰爭往往需要投入龐大的資本，而且這些資本只有在取得勝利後才有機會回收。如果吝惜情報收集的成本，會發生什麼事呢？

比方說，錯失攻擊敵方「虛」（＝漏洞或不備）的好時機、錯估局面導致主導權落入敵方手中、在不應交戰時求戰……。無論是哪種情況，都容易造成敗北。

情報正是能大幅減少上述風險的關

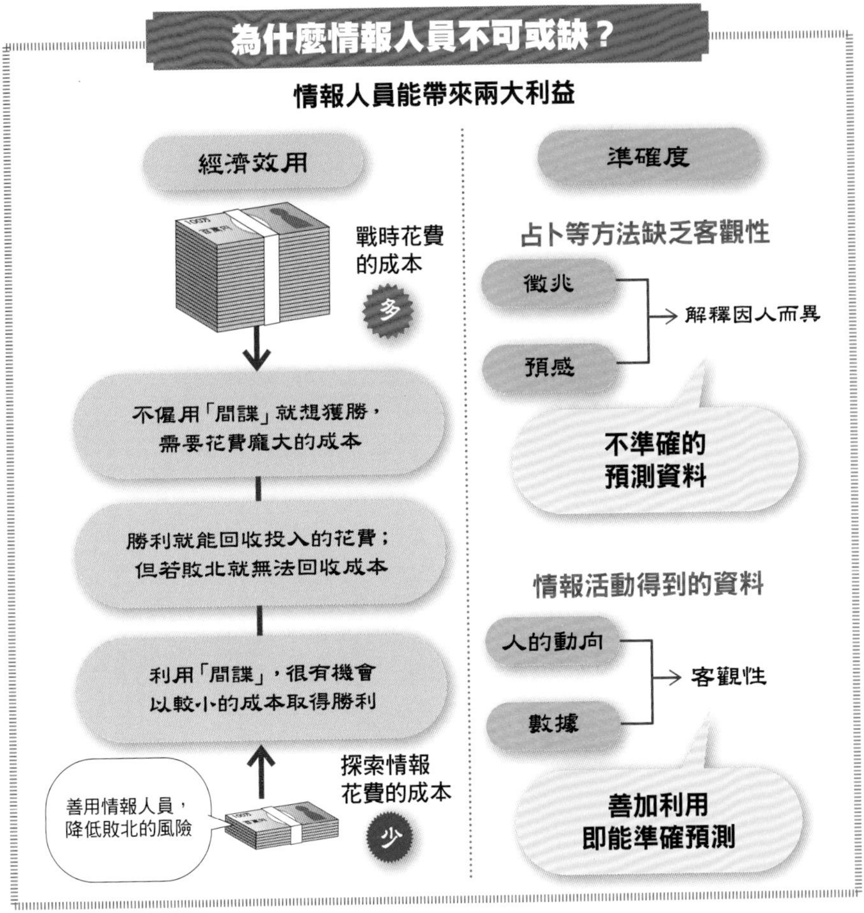

為什麼情報人員不可或缺？

情報人員能帶來兩大利益

經濟效用

戰時花費的成本 多

不僱用「間諜」就想獲勝，需要花費龐大的成本

勝利就能回收投入的花費；但若敗北就無法回收成本

利用「間諜」，很有機會以較小的成本取得勝利

探索情報花費的成本 少

善用情報人員，降低敗北的風險

準確度

占卜等方法缺乏客觀性

徵兆、預感 → 解釋因人而異

不準確的預測資料

情報活動得到的資料

人的動向、數據 → 客觀性

善加利用即能準確預測

鍵，雖然需要增加額外支出，但相比之下還是僱用情報人員比較划算。領導人必須建立起這樣的金錢觀。

情報的意義

情報的另一個意義，是更準確地預測戰局發展。

在孫子的時代，人們常用占卜的方式預測吉凶，但理性的孫子認為「占卜無法洞視未來」。唯一能預測未來的手段，就只有人類靠眼耳分析收集得來的情報而已——這就是孫子奉行的準則。

即使到了現代，孫子的觀點依然適用各個領域。情報必須透過人們傳遞才能派上用場。光是一名情報人員，就能為我們帶來比求神問卜更準確的預測結果。

稍微深入探討

間諜的種類與活動

間諜就是所謂的密探，負責潛入敵國收集情報或暗中動手腳，因此不一定要僱用本國的人，也可以利用敵國人士。間諜依活動地點，可分成諸多的型態。

本國與敵國間諜的職責

要在哪裡僱用哪國的人？

種類	職責與特徵
鄉間（因間）	敵國的居民。 負責收集市井情報及調查地形。
內間	敵國的官員。 負責傳遞敵方高層與軍隊陣營的情報。
反間	敵國的間諜，雙重間諜。 假意洩漏我方情報，其實是將敵方情報洩漏給我方。
死間	本國人。 假裝歸順敵國，提供假情報，擾亂敵方的情報活動。
生間	本國人。 頻繁潛入敵國帶回情報。 負責輔助死間，以及統整敵國內間諜（鄉間、內間）收集到的情報。

為敵國人

為本國人

間諜的動向

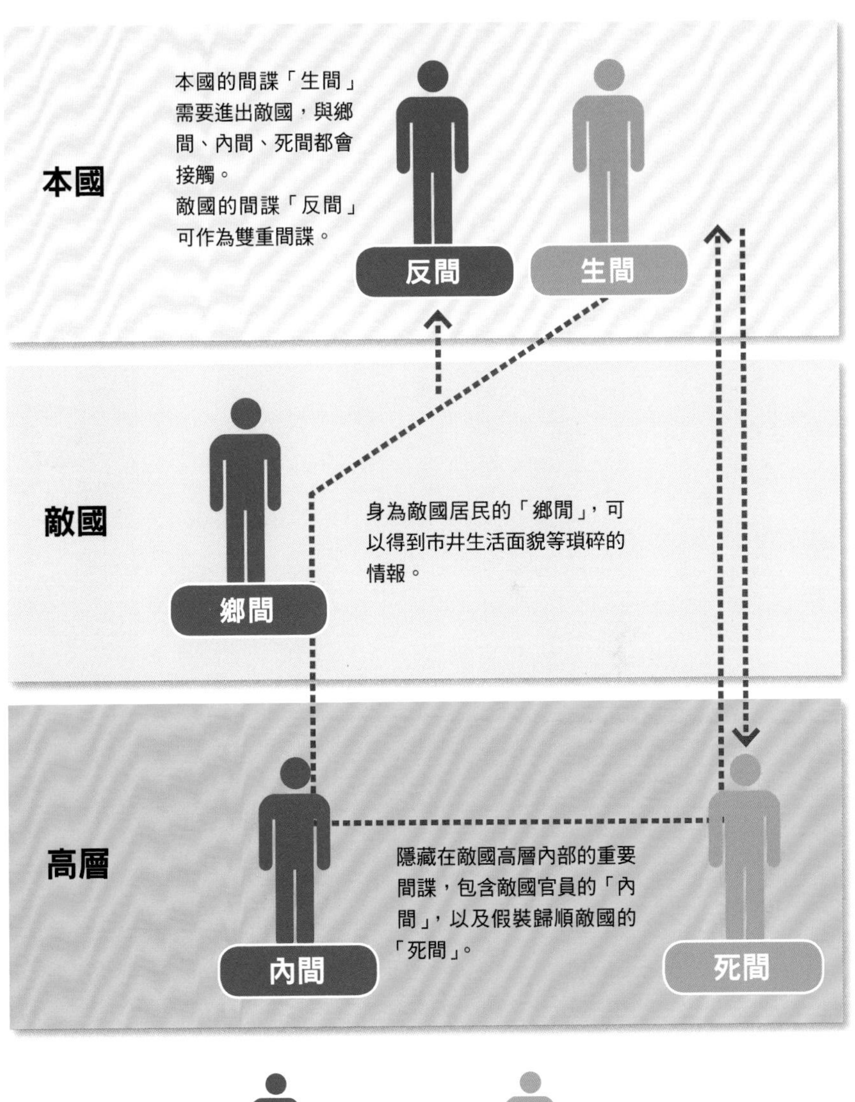

每種間諜的行動範疇大不相同
本國
本國的間諜「生間」需要進出敵國，與鄉間、內間、死間都會接觸。
敵國的間諜「反間」可作為雙重間諜。
反間
生間
敵國
鄉間
身為敵國居民的「鄉間」，可以得到市井生活面貌等瑣碎的情報。
高層
隱藏在敵國高層內部的重要間諜，包含敵國官員的「內間」，以及假裝歸順敵國的「死間」。
內間
死間

為敵國人

為本國人

三軍之親莫親於間，賞莫厚於間，事莫密於間。

文義

將間諜配置在與將領最親密的位置，給予最豐厚的獎賞，並將間諜的工作內容視為最高機密，謹慎以對。

情報人員的待遇

原則上，「間諜」（情報人員）的待遇取決於現場領導人（將領）。考慮其任務的特殊性，應從以下三個重點考量。

首先是情報人員的地位，應直屬於領導人之下。

情報是分析眼前局面的手段，收集者與使用者之間必須建立起能迅速傳遞情報的管道。企圖利用情報擾亂敵人時，決策者與執行者之間也必須確保溝通管道不會出差錯。

接著是給予情報人員高額的報酬。相較於一般軍事活動，情報收集更注重個人資質，高額報酬才能吸引優秀人才。再加上情報活動往往伴隨大量風險，高額報酬才能顯示任務的重要性，有效提振士氣。

最後一個重點，則是將情報人員的任務（諜報活動）視為最高機密。

此舉不只為了避免情報戰失敗，也是避免間諜暴露在危險中。尤其當間諜潛入敵方陣營時，風聲一旦走漏，身處敵陣的間諜將必死無疑。

情報人員的待遇

**情報人員掌握的情報甚至更勝領導人，
是至關重要的關鍵人物。**

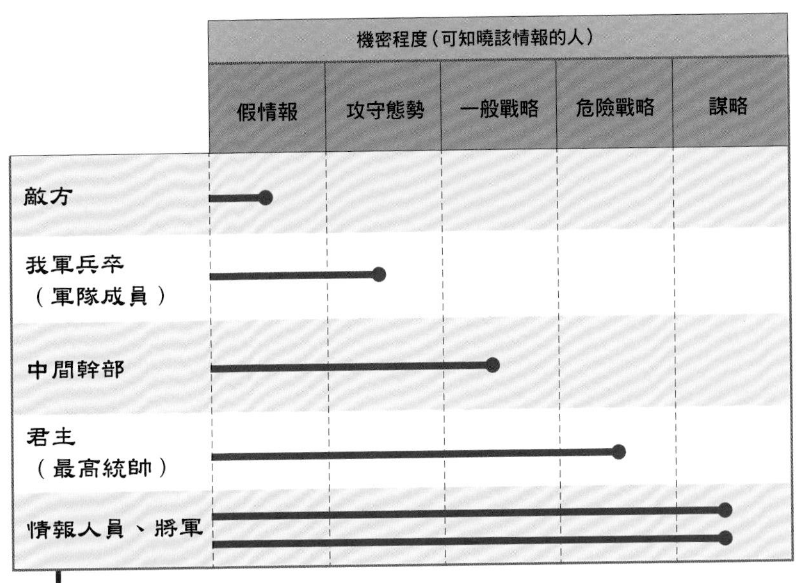

情報人員為將領的直屬部下➡ 確保溝通管道通暢，保護機密事項

提高情報人員的報酬➡ 給予執行危險任務的補助津貼，預防倒戈

用間者的資質

將領也必須具備相當的能力，才能有效地利用情報人員。

第一個能力是分析力。若將領不懂得正確分析間諜帶回來的貴重情報，精確推導出敵方活動，就失去將間諜納入直屬部下的意義了。

第二個能力是值得信賴。花費大筆金錢僱用的情報人員若不信任將領，難保其能忠心履行職責。

第三個能力是研擬可行的計畫。歸根究柢，將領制定的計畫若欠缺縝密及靈活度，任何諜報活動都不可能取得成效。

用間篇 3

嚴懲警戒情報外流

間事未發而先聞者，間與所告者兼死。

文義

明明尚未公開，進行到一半的諜報活動卻走漏風聲，負責執行該行動的間諜與洩漏情報的人都應該處以死刑。

情報外洩的風險

情報不光是準確分析情勢的必要手段，在干擾敵方的作戰中也是重要的關鍵。在戰爭期間，適當釋出情報與守密是絕對必要的手段，若情報在不恰當的時機外洩，不僅可能導致敗北，還會使自軍蒙受巨大的損害。

哪些情報要在組織裡公開？又能公開到何種程度？都是由組織的領導人（將領）來決定（⬇206頁），情報人員應服從命令，執行情報收集、實際活用與嚴格保密這三大任務。

一旦發現情報外洩，必須嚴格追究執行該任務的情報人員。就算情報人員並非刻意洩漏，本人也毫無業務過失，仍然應該為「走漏風聲」的事實負責。

撤換所有關係者

發現情報外洩時，必須立刻將所有關係者踢出組織。不光是負責該任務的情報人員，任何有機會接觸到情報的人員都要排除。

這麼做是為了不讓情報繼續外流，

同時防止敵人經由洩密的路徑持續竊取我方情報，因此要從根本上消除「有這個情報」的事實，隱藏作戰計畫的存在。

不僅如此，撤換關係人員還能達到殺雞儆猴的效果，避免今後再發生類似事件。無法理解機密情報的重要性、隨意向外透露的人員，勢必將成為安全隱憂，務必要從組織內排除。

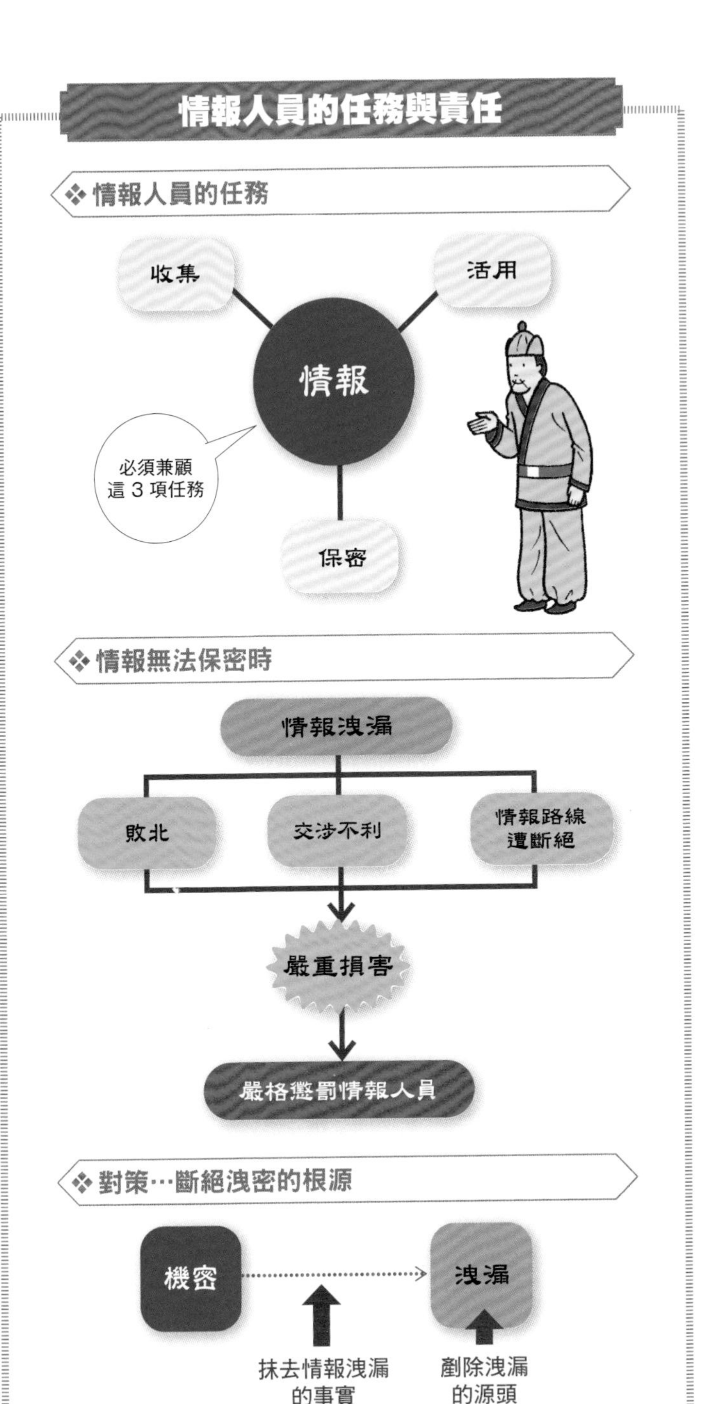

用間篇 4

先從目標的親信下手

凡軍之所欲擊，城之所欲攻，人之所欲殺，必先知其守將、左右、謁者、門者、舍人之姓名，令吾間必索知之。

文義

但凡有襲擊的軍隊、想攻占的城、想刺殺的要員，都必須事先調查擔任護衛的武將、左右親信、專責謁見的官員、看門守衛以及雜役的姓名，派我方間諜將這些人物的情報偵察清楚。

名字是情報的基礎

相對於組織基層所傳遞的情報、傳聞或輿論，從組織中樞直接取得的情報，其準確度與可信程度往往更高，更具備價值。如果條件許可，我方應積極派遣情報人員潛入敵人中樞，直接獲取情報。

這個時候，我方能夠輕鬆取得又能實際派上用場的線索，正是敵方人員的姓名。

舉例來說，假設戰略目標針對的是敵方內部的核心人士，我方便應該先調查與其相關的人員名單。越接近最終目標的人物越理想，即使無法輕易近身接觸，也可以先從關係較遠的人員下手，只要最後能順利連結到最終目標即可。

查出相關人物的名單後，就輪到情報人員出馬了。

依循線索一步步接近目標

1 得知目標身邊人物的名字

2 親自調查目標身邊人物的行動

3 鎖定有機會收買的人物下手

4 動之以情，或抓住其弱點

5 探聽情報

6 透過介紹，接觸更接近最終目標的人物

依序獲得情報

情報人員潛入敵國，調查該人物的行動範圍及嗜好後，嘗試與對方直接接觸。雖說透過對話探聽情報也是不錯的方法，但如果能動之以情，或是抓住對方的弱點，有機會進一步得到更多的情報。

接著再利用該人物的人脈，慢慢接近組織內的核心人物，利用這個方法一步步接近最終目標。若是情報人員一開始就貿然接近最終目標，恐怕很快就會被識破目的，因此必須確實抓住每個小線索，一步一腳印累積和收穫情報，才有可能取得成功。

我們可以說，姓名堪稱是行動開端的重要情報。

五間之事，主必知之，知之必在於反間，故反間不可不厚也。

文義

國軍能從五種間諜身上得到各式各樣的情報，但最關鍵的情報來源是敵方的反間，所以一定要給予反間豐厚的待遇。

情報源自敵方陣營

情報人員除了潛入敵方勢力範圍的辦法外，還有其他直接獲取情報的管道嗎？當然有——從身處敵營的敵方同伴取得。

《孫子兵法》提倡的手段是想辦法讓這些人倒戈，成為我方的「反間」（＝雙重間諜）。

在現代社會中，即使無法說服對方成為反間，也同樣有機會利用這些**寶貴的直接情報**。只要請求對方提供非重要機密的敵方情報或內部通告的情報，就不怕違背倫理了。

分析這類情報，有很大的機會可以**拼湊出重要情報**。如此一來，即使沒有直接取得機密情報，也能多少嗅出一點端倪，推測出敵方行動的背後藏有玄機，或是敵方內部發生了重大事件等等。進一步分析後，即能獲得更重要的情報。

除此之外，我們也可以故意釋出假情報，**讓敵方間諜帶回自己的陣營**。當我方的情報人員在敵方勢力範圍內活動時，敵人若誤信假情報，我方行動會更有利。

即使無法得到上述成果，也可以先利用敵方間諜在敵國建立人脈後，再伺機探聽情報（➡232頁）。

與第三者結盟

前述利用情報的方法，也可以應用在第三者身上。

舉例來說，如果將對我方有利的情報洩漏給敵方時，即可透過第三者來牽線。除了自己人帶回的情報以外，一般人通常會信任「善意的第三者」提供的情報。

第三者往往手中握有特殊的情報，只要我方利用妥當，就有機會成為重要的情報來源。

如何利用敵方的同伴

使敵人的間諜為我方效力，得到極大的利益。

❖ 敵方同夥才能達成的任務

介紹敵國內的內應者

提供敵國假情報

協助潛入敵國的本國間諜

還能得到這些利益…

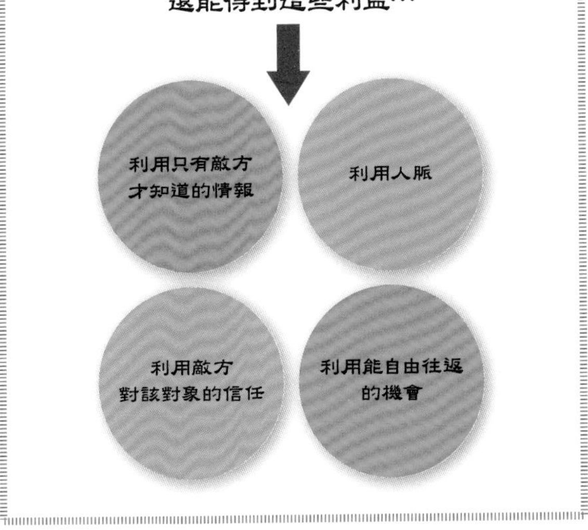

昔殷之興也，伊摯在夏；周之興也，呂牙在殷。故明君賢將，能以上智為間者，必成大功。

文義

從前殷國興起，是由於派了優秀的臣子伊摯潛入夏國當間諜；周國興起，是由於太公望呂牙潛入殷國。明智的國君、賢能的將帥，慧眼提拔智慧高超的人當間諜，必能成就偉大的功績。

情報人員擔任執行人

從情報的使用與用途來區分，戰時各層級的分工如下所述。

- 領導人…依照情報綜觀大局，決定戰爭的方向。
- 現場領導人（將領）…依照情報衡量戰場局面，制定作戰計畫，派兵實行。
- 情報人員…收集、嚴守，以及活用情報。

這裡要特別留意，雖然分析、利用情報是將領的工作，但情報人員其實也能辦到。

由於領導人距離戰鬥現場太遙遠，不應該插手相關作業（⬇72、146、186頁），但情報人員則無此問題。具備分析及制定計畫能力的情報人員，甚至還能像將領一樣制定作戰計畫並派兵實行。

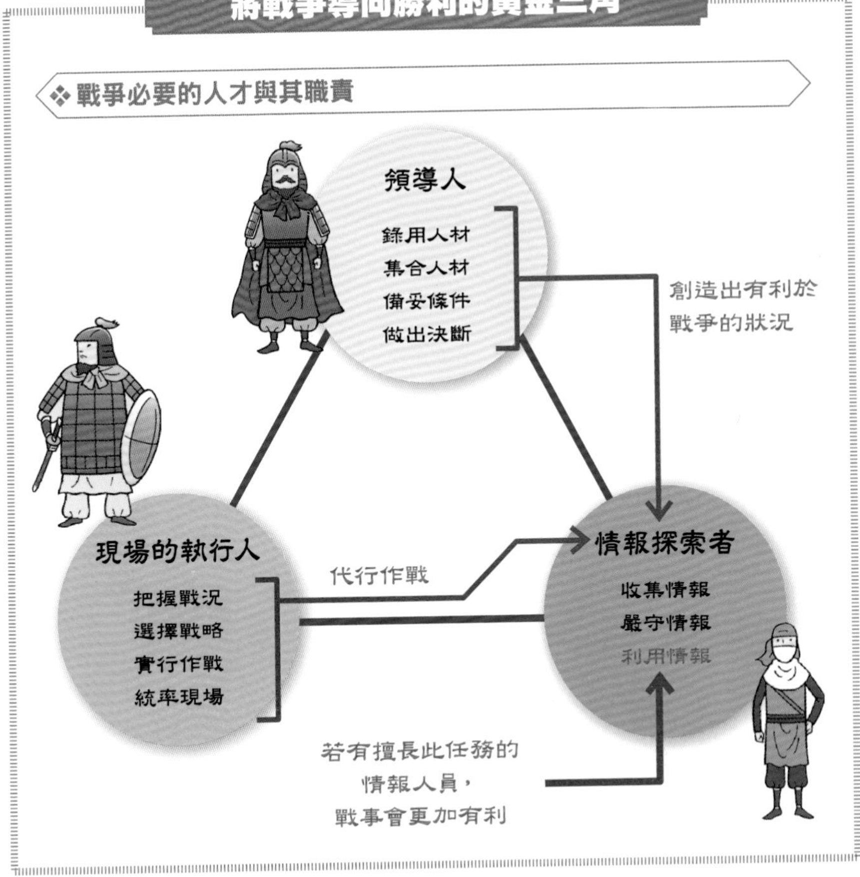

擁有兩倍的實行人力

作戰行動需要調動軍隊時，領導人需要得到兵卒們的信任，如果不是由將領級人物領導的話，作戰計畫恐怕難以順利實行。

但若是情報戰的話，由情報人員親自研擬作戰計畫反而更實在。因為情報人員能夠自由行動，迅速應對。當情報人員有能力制定作戰計畫時，相當於現場實行的人數翻倍，獲勝機會也隨之增加。

孫子便以古代的賢臣為例：殷國宰相伊尹潛入敵國夏國刺探內情；周國軍師呂尚也祭出送禮攻勢，攏絡敵對的殷國，說服其釋放君主。這些優秀的人才化身情報人員，所策畫的作戰行動都成為建立政權的契機，發揮出足以創建新王朝的力量。

13 Column

完整的《孫子》重見天日？

1996年，中國《人民日報》刊登一則驚人的新聞，報導考古發現了由82篇章節構成的孫武兵法。

史書《漢書》中記載，孫子兵法總篇數為82篇，但現存的《孫子兵法》卻只有13篇，因此學界始終有一派認為現存的13篇只是《孫子兵法》的其中一部分。然而，在全82篇的孫武兵法重見天日後，這個爭論似乎也就此定案了。

這一批孫武兵法竹簡，是由張姓的清朝官吏後裔所藏，據傳是其先祖在赴任的途中，以重金買下這82篇的古兵書竹簡，歷經幾代相傳。原始竹簡已在文化大革命時燒毀，只有墨跡手稿順利保存下來。

於是，有意收購的人們陸續從世界各地前來，而藏家則提出了「1字1000美元」的高昂售價。這部兵法書共有141,709字，假若全數賣出，藏家估計可賺進141,709,000美元。

然而，經過中國考古學界檢驗真偽後，結果判定這批竹簡乃是偽書，而且手法相當拙劣，偽造者想大撈一筆的美夢最終也隨之破滅。

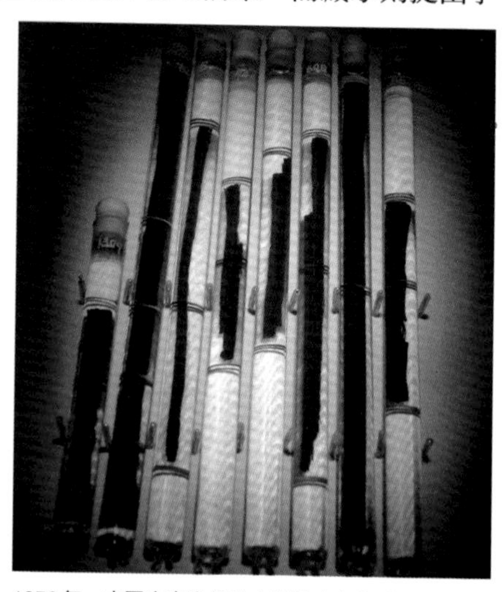

1972年，中國山東省銀雀山漢墓出土的《孫子兵法》竹簡，為西漢後期的正本。

附錄

《孫子兵法》原文

附錄

《孫子兵法》原文

※《孫子兵法》有諸多異本，此為其中一例。
※●的數字為本書中刊載的頁數。

1章 始計篇

P34 孫子曰：兵者，國之大事，死生之地，存亡之道，不可不察也。

故經之以五事，校之以計，而索其情：一曰道，二曰天，三曰地，四曰將，五曰法。

P36 道者，令民與上同意也，可與之死，可與之生，而不畏危也。

天者，陰陽、寒暑、時制也。

地者，高下、遠近、險易、廣狹、死生也。

將者，智、信、仁、勇、嚴也。

法者，曲制、官道、主用也。

凡此五者，將莫不聞，知之者勝，不知者不勝。

故校之以計，而索其情。

P38 曰：主孰有道？將孰有能？天地孰得？法令孰行？兵眾孰強？士卒孰練？賞罰孰明？吾以此知勝負矣。

P40 將聽吾計，用之必勝，留之；將不聽吾計，用之必敗，去之。

計利以聽，乃為之勢，以佐其外。勢者，因利而制權也。

P42 兵者，詭道也。

故能而示之不能，用而示之不用，近而示之遠，遠而示之近。

P44 利而誘之，亂而取之，實而備之，強而避之，怒而撓之，卑而驕之，佚而勞之，親而離之。攻其無備，出其不意。此兵家之勝，不可先傳也。

P46 夫未戰而廟算勝者，得算多也；未戰而廟算不勝者，得算少也。

多算勝，少算不勝，而況於

無算乎？吾以此觀之，勝負見矣。

2章 作戰篇

孫子曰：凡用兵之法，馳車千駟，革車千乘，帶甲十萬，千里饋糧，則內外之費，賓客之用，膠漆之材，車甲之奉，日費千金，然後十萬之師舉矣。

其用戰也，勝久則鈍兵挫銳，攻城則力屈，久暴師則國用不足。

夫鈍兵、挫銳、屈力、殫貨，則諸侯乘其弊而起，雖有智者，不能善其後矣。

P50
故兵聞拙速，未睹巧之久也。夫兵久而國利者，未之有也。

故不盡知用兵之害者，則不能盡知用兵之利也。

P52
善用兵者，役不再籍，糧不三載，取用於國，因糧於敵，故軍食可足也。

P54
國之貧於師者遠輸，遠輸則百姓貧；近於師者貴賣，貴賣則百姓財竭，財竭則急於丘役，力屈財殫，中原內虛於家。

百姓之費，十去其七；公家之費，破車罷馬，甲冑矢弩，戟楯蔽櫓，丘牛大車，十去其六。

P56
故智將務食於敵，食敵一鍾，當吾二十鍾；𦮼稈一石，當吾二十石。

P58
故殺敵者，怒也；取敵之利者，貨也。

故車戰，得車十乘以上，賞其先得者，而更其旌旗。

車雜而乘之，卒善而養之，是謂勝敵而益強。

故兵貴勝，不貴久。故知兵之將，民之司命，國家安危之主也。

3章 謀攻篇

P62
孫子曰：凡用兵之法，全國為上，破國次之；全軍為上，破軍次之；全旅為上，破旅次之；全卒為上，破卒次之；全伍為上，破伍次之。

是故百戰百勝，非善之善者也；不戰而屈人之兵，善之善者也。

P64

故上兵伐謀，其次伐交，其次伐兵，其下攻城。

攻城之法，為不得已。修櫓轒轀，具器械，三月而後成；距闉，又三月而後已。

將不勝其忿，而蟻附之，殺士三分之一，而城不拔者，此攻之災也。

P66

故善用兵者，屈人之兵，而非戰也；拔人之城，而非攻也；毀人之國，而非久也。必以全爭於天下，故兵不頓，利可全，此謀攻之法也。

P68

故用兵之法，十則圍之，五則攻之，倍則分之，敵則能戰之，少則能守之，不若則能避之。故小敵之堅，大敵之擒也。

P70

夫將者，國之輔也。輔周則國必強，輔隙則國必弱。

P72

故君之所以患於軍者三：不知軍之不可以進，而謂之進；不知軍之不可以退，而謂之退，是為縻軍。

不知三軍之事，而同三軍之政，則軍士惑矣；不知三軍之權，而同三軍之任，則軍士疑矣。三軍既惑且疑，則諸侯之難至矣，是謂亂軍引勝。

P74

故知勝有五：知可以戰與不可以戰者勝，識眾寡之用者勝，上下同欲者勝，以虞待不虞者勝，將能而君不御者勝。此五者，知勝之道也。

P76

故曰：知彼知己，百戰不殆；不知彼而知己，一勝一負；不知彼，不知己，每戰必殆。

4章 軍形篇

P80

孫子曰：昔之善戰者，先為不可勝，以待敵之可勝。不可勝在己，可勝在敵。

故善戰者，能為不可勝，不能使敵必可勝。故曰：勝可知，而不可為。

P82
不可勝者，守也；可勝者，攻也。守則有餘，攻則不足。

P84
善守者，藏於九地之下；善攻者，動於九天之上，故能自保而全勝也。

見勝，不過眾人之所知，非善之善者也；戰勝，而天下曰善，非善之善者也。

故舉秋毫不為多力，見日月不為明目，聞雷霆不為聰耳。

古之善戰者，勝於易勝者也。故善戰者之勝也，無智名，無勇功。

故其戰勝不忒。不忒者，其措必勝，勝已敗者也。

P86
故善戰者，立於不敗之地，而不失敵之敗也。是故勝兵先勝而後求戰，敗兵先戰而後求勝。

善用兵者，修道而保法，故能為勝敗之政。

兵法：一曰度，二曰量，三曰數，四曰稱，五曰勝。

P88
地生度，度生量，量生數，數生稱，稱生勝。

故勝兵若以鎰稱銖，敗兵若以銖稱鎰。

勝者之戰民也，若決積水於千仞之谿者，形也。

5章 兵勢篇

P92
孫子曰：凡治眾如治寡，分數是也；鬥眾如鬥寡，形名是也。

三軍之眾，可使必受敵而無敗者，奇正是也。

兵之所加，如以碫投卵者，虛實是也。

P94
凡戰者，以正合，以奇勝。故善出奇者，無窮如天地，不竭如江海。終而復始，日月是也。死而復生，四時是也。

聲不過五，五聲之變，不可勝聽也；色不過五，五色之變，不可勝觀也；味不過五，五味之變，不可勝嘗也。

P94
戰勢不過奇正，奇正之變，不可勝窮也。奇正相生，如循環之無端，孰能窮之哉？

P96
激水之疾，至於漂石者，勢

也；鷙鳥之擊，至於毀折者，節也。

故善戰者，其勢險，其節短。勢如彍弩，節如發機。

P98

紛紛紜紜，鬥亂而不可亂；渾渾沌沌，形圓而不可敗。亂生於治，怯生於勇，弱生於強。治亂，數也；勇怯，勢也；強弱，形也。

P100

故善動敵者，形之，敵必從之；予之，敵必取之。以利動之，以卒待之。

P102

故善戰者，求之於勢，不責於人，故能擇人而任勢。

任勢者，其戰人也，如轉木石。木石之性，安則靜，危則動，方則止，圓則行。

故善戰人之勢，如轉圓石於千仞之山者，勢也。

6章 虛實篇

孫子曰：凡先處戰地而待敵者佚，後處戰地而趨戰者勞。

P106

故善戰者，致人而不致於人。能使敵自至者，利之也；能使敵不得至者，害之也。故敵佚能勞之，飽能飢之，安能動之。

P108

出其所不趨，趨其所不意。行千里而不勞者，行於無人之地也；攻而必取者，攻其所不守也；守而必固者，守其所不攻也。

故善攻者，敵不知其所守；善守者，敵不知其所攻。

微乎微乎，至於無形；神乎神乎。至於無聲，故能為敵之司命。

P110

進而不可禦者，衝其虛也；退而不可追者，速而不可及也。

P112

故我欲戰，敵雖高壘深溝，不得不與我戰者，攻其所必救也；我不欲戰，雖畫地而守之，敵不得與我戰者，乖其所之也。

故形人而我無形，則我專而敵分。我專為一，敵分為十，是以十攻其一也，則我眾而敵寡。

能以眾擊寡者，則吾之所與戰者，約矣。

P114

吾所與戰之地不可知，不可知，則敵所備者多。敵所備者多。則吾所與戰者，寡矣。

故備前則後寡，備後則前寡，備左則右寡，備右則左寡，無所不備，則無所不寡。寡者，備人者也；眾者，使人備己者也。

故知戰之地，知戰之日，則可千里而會戰。

P116

不知戰之地，不知戰之日，則左不能救右，右不能救左，前不能救後，後不能救前，而況遠者數十里，近者數里乎！以吾度之，越人之兵雖多，亦奚益於勝敗哉！

故曰：勝可擅也。敵雖眾，可使無鬥。

P118

故策之而知得失之計，作之而知動靜之理，形之而知死生之地，角之而知有餘不足之處。

P120

故形兵之極，至於無形。無形，則深間不能窺，智者不能謀。

因形而措勝於眾，眾不能知。人皆知我所以勝之形，而莫知吾所以制勝之形。故其戰勝不復，而應形於無窮。

夫兵形象水，水之行，避高而趨下；兵之勝，避實而擊虛。水因地而制行，兵因敵而制勝。故兵無成勢，無恆形。能因敵變化而取勝者，謂之神。

故五行無常勝，四時無常位，日有短長，月有死生。

7章 軍爭篇

孫子曰：凡用兵之法，將受命於君，合軍聚眾，交和而舍，莫難於軍爭。

P124

軍爭之難者，以迂為直，以患為利。

故迂其途，而誘之以利，後人發，先人至，此知迂直之計者也。故軍爭為利，軍爭為危。

P128

舉軍而爭利，則不及；委軍而爭利，則輜重捐。

是故卷甲而趨，日夜不處，倍道兼行，百里而爭利，則擒三軍將，勁者先，疲者後，其法十一而至；五十里而爭利，則蹶上軍將，其法半至；三十里而爭利，則三分之二至。

P128
是故軍無輜重則亡，無糧食則亡，無委積則亡。

故不知諸侯之謀者，不能豫交；不知山林、險阻、沮澤之形者，不能行軍；不用鄉導者，不能得地利。

P130
故兵以詐立，以利動，以分合為變者也。

故其疾如風，其徐如林，侵掠如火，不動如山，難知如陰，動如雷震。掠鄉分眾，廓地分利，懸權而動。

先知迂直之計者勝，此軍爭之法也。

軍政曰：「言不相聞，故為金鼓；視不相見，故為旌旗。」

夫金鼓旌旗者，所以一人之耳目也。

人既專一，則勇者不得獨進，怯者不得獨退，此用眾之法也。

故夜戰多火鼓，晝戰多旌旗，所以變人之耳目也。

P132
故三軍可奪氣，將軍可奪心。是故朝氣銳，晝氣惰，暮氣歸。

故善用兵者，避其銳氣，擊其惰歸，此治氣者也。

P134
以治待亂，以靜待譁，此治心者也。

P136
以近待遠，以佚待勞，以飽待飢，此治力者也。

P138
無邀正正之旗，勿擊堂堂之陣，此治變者也。

P140
故用兵之法，高陵勿向，背丘勿逆，佯北勿從，銳卒勿攻，餌兵勿食，歸師勿遏，圍師必闕，窮寇勿迫，此用兵之法也。

8章 九變篇

孫子曰：凡用兵之法，將受命於君，合軍聚眾。

圮地無舍，衢地合交，絕地無留，圍地則謀，死地則戰。

P146
途有所不由，軍有所不擊，城有所不攻，地有所不爭，君命有所不受。

P148
故將通於九變之利者，知用

兵矣。

將不通於九變之利者，雖知地形，不能得地之利矣。治兵不知九變之術，雖知地利，不能得人之用矣。

P150
是故智者之慮，必雜於利害，雜於利而務可信也，雜於害而患可解也。

P152
是故屈諸侯者以害，役諸侯者以業，趨諸侯者以利。

P154
故用兵之法，無恃其不來，恃吾有以待之；無恃其不攻，恃吾有所不可攻也。

P156
故將有五危：必死可殺，必生可虜，忿速可侮，廉潔可辱，愛民可煩。

凡此五者，將之過也，用兵之災也。覆軍殺將，必以五危，不可不察也。

9章 行軍篇

P160
孫子曰：凡處軍相敵，絕山依谷，視生處高，戰隆無登，此處山之軍也。

絕水必遠水，客絕水而來，勿迎之於水內，令半濟而擊之，利。

欲戰者，無附於水而迎客，視生處高，無迎水流，此處水上之軍也。

絕斥澤，惟亟去無留，若交軍於斥澤之中，必依水草，而背眾樹，此處斥澤之軍也。

平陸處易，右背高，前死後生，此處平陸之軍也。

凡此四軍之利，黃帝之所以勝四帝也。

凡軍好高而惡下，貴陽而賤陰，養生而處實，軍無百疾，是謂必勝。

丘陵堤防，必處其陽，而右背之，此兵之利，地之助也。

上雨，水沫至，欲涉者，待其定也。

P162
凡地有絕澗、天井、天牢、天羅、天陷、天隙，必亟去之，勿近也。吾遠之，敵近之；吾迎之，敵背之。

軍旁有險阻、潢井、葭葦、

林木、蘙薈者，必謹覆索之，此伏奸之所處也。

敵近而靜者，恃其險也；遠而挑戰者，欲人之進也。

其所居易者，利也；眾樹動者，來也；眾草多障者，疑也；鳥起者，伏也；獸駭者，覆也。

塵高而銳者，車來也；卑而廣者，徒來也；散而條達者，樵採也；少而往來者，營軍也。

P 166

辭卑而益備者，進也；辭強而進驅者，退也。

輕車先出居其側者，陣也；無約而請和者，謀也；奔走而陳兵者，期也；半進半退者，誘也。

P 168

杖而立者，飢也；汲而先飲者，渴也；見利而不進者，勞也；鳥集者，虛也；夜呼者，恐也；軍擾者，將不重也；旌旗動者，亂也；吏怒者，倦也；殺馬食肉者，軍無糧也；軍無懸瓶，而不返其舍者，窮寇也。

P 170

諄諄翕翕，徐與人言者，失眾也；數賞者，窘也；數罰者，困也；先暴而後畏其眾者，不精之至也；來委謝者，欲休息也。

P 172

兵怒而相迎，久而不合，又不相去，必謹察之。

P 176

兵非貴益多，惟無武進，足以併力、料敵、取人而已。夫惟無慮而易敵者，必擒於人。

P 178

卒未親附而罰之，則不服，不服則難用。卒已親附而罰不行，則不可用。故合之以文，齊之以武，是謂必取。

令素行以教其民，則民服；令素不行以教其民，則民不服。令素行者，與眾相得也。

10章 地形篇

孫子曰：地形有通者、有挂者、有支者、有隘者、有險者、有遠者。

我可以往，彼可以來，曰通。通形者，先居高陽，利糧道，以戰則利。

可以往，難以返，曰掛。掛

形者，敵無備，出而勝之；敵若有備，出而不勝，難以返，不利。

我出而不利，彼出而不利，曰支。支形者，敵雖利我，我無出也；引而去之，令敵半出而擊之，利。

隘形者，我先居之，必盈之以待敵；若敵先居之，盈而勿從，不盈而從之。

險形者，我先居之，必居高陽以待敵；若敵先居之，引而去之，勿從也。

遠形者，勢均，難以挑戰，戰而不利。

凡此六者，地之道也，將之至任，不可不察也。

故兵有走者、有弛者、有陷者、有崩者、有亂者、有北者。凡此六者，非天之災，將之過也。

夫勢均，以一擊十，曰走。

卒強吏弱，曰弛。

吏強卒弱，曰陷。

大吏怒而不服，遇敵懟而自戰，將不知其能，曰崩。

將弱不嚴，教道不明，吏卒無常，陳兵縱橫，曰亂。

將不能料敵，以少合眾，以弱擊強，兵無選鋒，曰北。

凡此六者，敗之道也，將之至任，不可不察也。

P 182

夫地形者，兵之助也。料敵制勝，計險阨遠近，上將之道也。知此而用戰者，必勝；不知此而用戰者，必敗。

P 186

故戰道必勝，主曰無戰，必戰可也；戰道不勝，主曰必戰，無戰可也。

故進不求名，退不避罪，唯民是保，而利合於主，國之寶也。

P 188

視卒如嬰兒，故可與之赴深谿；視卒如愛子，故可與之俱死。

厚而不能使，愛而不能令，亂而不能治，譬若驕子，不可用也。

P 190

知吾卒之可以擊，而不知敵之不可擊，勝之半也；知敵之可擊，而不知吾卒之不可以擊，勝之半也；知敵之可擊，知吾卒之可以擊，而不知地形之不可以戰，勝之半也。故知兵者，動而不迷，舉而不窮。

故曰：知彼知己，勝乃不殆；知天知地，勝乃可全。

11章 九地篇

孫子曰：用兵之法，有散地，有輕地，有爭地，有交地，有衢地，有重地，有圮地，有圍地，有死地。

諸侯自戰其地者，為散地。

入人之地而不深者，為輕地。

我得則利，彼得亦利者，為爭地。

我可以往，彼可以來者，為交地。

諸侯之地三屬，先至而得天下之眾者，為衢地。

入人之地深，背城邑多者，為重地。

山林、險阻、沮澤，凡難行之道者，為圮地。

所由入者隘，所從歸者迂，彼寡可以擊吾之眾者，為圍地。

疾戰則存，不疾戰則亡者，為死地。

P194

是故散地則無戰，輕地則無止，爭地則無攻，交地則無絕，衢地則合交，重地則掠，圮地則行，圍地則謀，死地則戰。

P198

古之所謂善用兵者，能使敵人前後不相及，眾寡不相恃，貴賤不相救，上下不相收，卒離而不集，兵合而不齊。合於利而動，不合於利而止。

P200

敢問：「敵眾整而將來，待之若何？」曰：「先奪其所愛，則聽矣。」

兵之情主速，乘人之不及，由不虞之道，攻其所不戒也。

凡為客之道，深入則專，主人不克。掠於饒野，三軍足食。謹養而勿勞，併氣積力，運兵計謀，為不可測。

P202

投之無所往，死且不北。死焉不得，士人盡力。

兵士甚陷則不懼，無所往則

固，深入則拘，不得已則鬥。

是故其兵不修而戒，不求而得，不約而親，不令而信。禁祥去疑，至死無所之。

吾士無餘財，非惡貨也；無餘命，非惡壽也。令發之日，士卒坐者涕沾襟，偃臥者淚交頤。投之無所往者，則諸劌之勇也。

故善用兵者，譬如率然。率然者，常山之蛇也。擊其首則尾至，擊其尾則首至，擊其中則首尾俱至。

敢問：「兵可使如率然乎？」

曰：「可。」

夫吳人與越人相惡也，當其同舟而濟。遇風，其相救也，如左右手。

是故方馬埋輪，未足恃也；齊勇如一，政之道也；剛柔皆得，地之理也。

故善用兵者，攜手若使一人，不得已也。

P 206

將軍之事，靜以幽，正以治。能愚士卒之耳目，使之無知；易其事，革其謀，使人無識；易其居，迂其途，使人不得慮。帥與之期，如登高而去其梯；帥與之深，入諸侯之地而發其機。若驅群羊，驅而往，驅而來，莫知所之。

聚三軍之眾，投之於險，此謂將軍之事也。

九地之變，屈伸之利，人情之理，不可不察也。

凡為客之道，深則專，淺則散。去國越境而師者，絕地也；四達者，衢地也；入深者，重地也；入淺者，輕地也；背固前隘者，圍地也；無所往者，死地也。

是故散地，吾將一其志；輕地，吾將使之屬；爭地，吾將趨其後；交地，吾將謹其守；衢地，吾將固其結；重地，吾將繼其食；圮地，吾將進其途；圍地，吾將塞其闕；死地，吾將示之以不活。

故兵之情：圍則禦，不得已則鬥，過則從。

是故不知諸侯之謀者，不能豫交；不知山林、險阻、沮澤之形者，不能行軍；不用鄉導者，不能得地利。此三者不知一，非霸王之兵也。

夫霸王之兵，伐大國，則其眾不得聚；威加於敵，則其交不得合。是故不爭天下之交，不養天下之權，信己之私，威加於敵，則其城可拔，其國可隳。

施無法之賞，懸無政之令。犯三軍之眾，若使一人。犯之以事，勿告以言；犯之以利，勿告以害。投之亡地然後存，陷之死地然後生。夫眾陷於害，然後能為勝敗。

故為兵之事，在於順詳敵之意，併力一向，千里殺將，是謂巧能成事。

是故政舉之日，夷關折符，無通其使；厲於廊廟之上，以誅其事。

P 208

敵人開闔，必亟入之。先其所愛，微與之期，踐墨隨敵，以決戰事。

是故始如處女，敵人開戶；後如脫兔，敵不及拒。

12章 火攻篇

P 212

孫子曰：凡火攻有五：一曰火人，二曰火積，三曰火輜，四曰火庫，五曰火隊。

行火有因，因必素具。

P 214

發火有時，起火有日。時者，天之燥也。日者，月在箕、壁、翼、軫也。凡此四宿者，風起之日也。

P 216

凡火攻，必因五火之變而應之。

火發於內，則早應之於外。

火發而其兵靜者，待而勿攻，極其火力，可從而從之，不可從則止。

火可發於外，無待於內，以時發之。

火發上風，無攻下風。

晝風久，夜風止。

P 216

凡軍必知五火之變，以數守之。

故以火佐攻者明，以水佐攻者強。水可以絕，不可以奪。

P218

夫戰勝攻取，而不修其功者凶，命曰「費留」。

故曰：明主慮之，良將修之，非利不動，非得不用，非危不戰。

P220

主不可以怒而興師，將不可以慍而致戰。合於利而動，不合於利而止。

怒可以復喜，慍可以復悅，亡國不可以復存，死者不可以復生。

故明主慎之，良將警之，此安國全軍之道也。

13章 用間篇

孫子曰：凡興師十萬，出征千里，百姓之費，公家之奉，日費千金，內外騷動，怠於道路，不得操事者，七十萬家，相守數年，以爭一日之勝。

P224

而愛爵祿百金，不知敵之情者，不仁之至也，非人之將也，非主之佐也，非勝之主也。

故明君賢將，所以動而勝人，成功出於眾者，先知也。先知者，不可取於鬼神，不可象於事，不可驗於度，必取於人，知敵之情者也。

故用間有五：有鄉間，有內間，有反間，有死間，有生間。

五間俱起，莫知其道，是謂「神紀」，人君之寶也。

鄉間者，因其鄉人而用之。

內間者，因其官人而用之。

反間者，因其敵間而用之。

死間者，為誑事於外，令吾間知之，而傳於敵者也。

生間者，返報者也。

P228

故三軍之親莫親於間，賞莫厚於間，事莫密於間。非聖智不能用間，非仁義不能使間，非微妙不能得間之實。微哉！微哉！無所不用間也。

P230

間事未發而先聞者，間與所告者皆死。

P232

凡軍之所欲擊，城之所欲攻，人之所欲殺，必先知其守將、左右、謁者、門者、舍人之姓名，令吾間必索知之。

必索敵間之來間我者，因而利之，導而舍之，故反間可得而用也。

因是而知之，故鄉間、內間可得而使也；因是而知之，故死間為誑事，可使告敵；因是而知之，故生間可使如期。

P234

五間之事，主必知之，知之必在於反間，故反間不可不厚也。

P236

昔殷之興也，伊摯在夏；周之興也，呂牙在殷。故明君賢將，能以上智為間者，必成大功。

此兵之要，三軍之所恃而動也。

照片來源、參考文獻

〈照片提供〉

・記念艦「三笠」
・国立国会図書館
・日本マイクロソフト株式会社
・日本IBM
・野田市立興風図書館
・山梨市教育委員会
・ユニフォトプレス
・ゆんフリー写真素材集（http://www.yunphoto.net）
・横手市教育委員会
・霊友会 妙一コレクション

〈參考文獻〉

◎注釋本

・孫子 金谷治 岩波文庫
・孫子 浅野裕一 講談社学術文庫
・全釈漢文大系22 孫子・呉子 山井湧 集英社
・孫子訳注 郭化若 東方書店
・孫子・呉子 村山孚 徳間書店
・新書漢文大系3 孫子・呉子 天野鎮雄 明治書院

◎兵法、兵學

・戦略戦術兵器事典1 中国古代編 歴史群像グラフィック戦史シリーズ 学研
・よみがえる中国の兵法 湯浅邦弘 大修館書店
・孫子兵法発掘物語 岳南 岩波書店
・諸子百家〈再発見〉 掘り起こされる古代中国思想 浅野裕一・湯浅邦弘編 岩波書店
・江戸の兵学思想 野口武彦 中央公論社
・日本兵法全集6 諸流兵法（上） 石岡久夫 人物往来社

◎軍事戰略相關

・正史三国志 陳寿・裴松之 筑摩書房
・三国志演義 羅貫中 筑摩書房
・日露戦争史 海上の戦い 日本海海戦（1）（2） 国立公文書館アジア歴史資料センター「日露戦争特別展II」 http://www.jacar.go.jp/nichiro2/index.html
・ドキュメントヴェトナム戦争全史 小倉貞男 岩波書店
・戦略の本質 戦史に学ぶ逆転のリーダーシップ 野中郁次郎ほか 日経ビジネス人文庫
・地図で知る戦国（下） 地図で知る戦国編集委員会・ぶよう堂編集部編 武揚堂
・山本勘助と戦国24人の名軍師 別冊歴史読本49 新人物往来社
・ナポレオン戦争全史 松村劭 原書房
・ナポレオン自伝 ナポレオン 朝日新聞社
・ボー・グエン・ザップ ベトナム人民戦争の戦略家 ジェラール・レ・クアン サイマル出版会
・シュワーツコフ回想録 少年時代・ヴェトナム最前線・湾岸戦争 H・シュワーツコフ 新潮社
・弱者の兵法 野村克也 アスペクト
・孫子・戦略・クラウゼヴィッツ その活用の方程式 守屋淳 プレジデント社
・戦略の歴史 抹殺・征服技術の変遷 石器時代からサダム・フセインまで キーガン 心交社
・新戦略の創始者 マキアヴェリからヒトラーまで 上下 エドワード・ミード・アール編 原書房

◎中國史

・新版中国の歴史上 古代-中世 愛宕元・富谷至編 昭和堂
・古代中国 原始・殷周・春秋戦国 貝塚茂樹・伊藤道治 講談社学術文庫
・史記列伝一 司馬遷 平凡社ライブラリー
・中国古代の生活史 林巳奈夫 吉川弘文館

◎其他

・字統 白石静 平凡社
・漢文の語法と故事成語 吹野安・小笠原博慧 笠間書院

●著者介紹　**松下喜代子**

出生於日本長野縣，自東京都立大學法學部政治系畢業，現為編輯、作家。執筆的作品有《一冊でわかるイラストでわかる図解》系列（成美堂出版）的《近代史》、《宗教史》，以及《人づきあいをラクにする行動のヒント68》（監修：下斗米淳／すばる舎）等。

●插畫 ——— 桔川 伸　安次嶺 武（アシクリエイティブ）
●設計 ——— 櫻井ミチ
●DTP ——— 明昌堂
●編集協力 ——— 生田安志（編集工房アルビレオ）
持田桂佑　小野麻衣子（STUDIO PORTO）

孫子兵法超圖解

出　　版／楓樹林出版事業有限公司
地　　址／新北市板橋區信義路163巷3號10樓
郵政劃撥／19907596 楓書坊文化出版社
網　　址／www.maplebook.com.tw
電　　話／02-2957-6096
傳　　真／02-2957-6435
著　　者／松下喜代子
翻　　譯／張翡臻
企劃編輯／江婉瑄
內文排版／謝政龍
總 經 銷／商流文化事業有限公司
地　　址／新北市中和區中正路752號8樓
電　　話／02-2228-8841
傳　　真／02-2228-6939
網　　址／www.vdm.com.tw
港澳經銷／泛華發行代理有限公司
定　　價／350元
初版日期／2018年12月

國家圖書館出版品預行編目資料

孫子兵法超圖解 / 松下喜代子作 ; 張翡臻譯. -- 初版. -- 新北市 : 楓樹林, 2018.12
面 ; 公分

ISBN 978-986-96915-1-2 (平裝)

1. 孫子兵法 2. 研究考訂 3. 謀略

592.092　　107017703